牧野富太郎選集の3

樹木いろいろ

牧野富太郎

東京美術

牧野富太郎選集3　樹木いろいろ　目次

講演再録 …… 5

武蔵野の植物について …… 7
野生食用植物の話 …… 31
染料植物について …… 62
菊の話 …… 83

さまざまな樹木 …… 95

アケビ …… 97
稀有植物の一なるこやすのき …… 103
リョウブの古名ハタツモリの語原 …… 106
いわゆる京丸の牡丹 …… 111

カナメモチはアカメモチである …… 115
丁子か丁字か …… 122
護摩木 …… 124
苦木は漢名ではない …… 127
橿はカシではない …… 129
ブドウ（葡萄） …… 132
ハゼノキの真物 …… 137
アコウは榕樹ではない …… 142
椰子を古々椰子と称する必要なし …… 147
風に翻える梧桐の実 …… 152
ナンジャモンジャの木 …… 155
茱萸はグミではない …… 163
パンヤ …… 166
日本で最大の南天材 …… 169
根笹 …… 172
サネカズラ …… 174

日本のシュロは支那の棕櫚とは違う …… 178
ノイバラの実を営実というわけ …… 180
ゴンズイと名づけたわけ …… 183
楡は日本のニレではない …… 185
於多福グルミ …… 188
製紙用のガンピ …… 194
種子から生えた孟宗竹の藪 …… 197
孟宗竹の支那名 …… 199
サンドグリ、シバグリ、カチグリ、ハコグリ …… 203
無憂花とはどんな植物か …… 210
無花果の果 …… 214
イチョウの精虫 …… 219
茶樹の花序についての私の発見 …… 223
茶の銘玉露の由来 …… 226
御会式桜 …… 228
寺院にある贋の菩提樹 …… 230

日本のバショウは芭蕉の真物ではない……233
高野山の蛇柳……236
わが国栽植のギョリュウ……240
杞柳をコリヤナギとは間違いである……244
日本画家のもみじ葉と実際のもみじ葉……246
槭樹は果してカエデか……250
なぜイタヤカエデというのか……254

講演再録

武蔵野の植物について

私はただ今ご紹介を受けました牧野であります。ここに書いてありますとおり、今夜みなさんに武蔵野の植物のことをお話してくれということでありますし、またふだん私は植物のことを研究しているものでありますから、それでお受けしましてここに立ったような次第であります。

しかればそこでどういうふうに植物の話をしたらいいかということですが、さて風致と植物とは非常に関係の深いものであります。田とか山とか土地の高低というようなものでも無論風致の中に入りますが、しかし風致から木や草を除いてしまって、景色の中に植物がなかったら、じつに殺風景なものとなってしまいますので、植物は風致に対しましては非常に大切なものでありま す。それだから、風致を大事がる人は、やはり植物のことを知っている必要があるのであります。植物にはいろいろのことがらを含んでいるものでありますから、植物を知っておりますと、自然植物を愛することになり、草木をだいじにすることになります。

それでやはり伐ってしまおうと思う樹でも、これを伐っては殺風景になるから、そこの風致のために保存しておくというような惜しみが出まして、自然風致をよくすることの助けになるわけであります。

そういうわけで、植物のことをやはり多少知っておらなければならん。風致をよくするということは、その風致の大切な部分を組み立てているところの植物を知っているということです。すなわちそれが必要なわけで、これはだれが考えてもすぐ分かることとです。私は今日武蔵野の住人になっているのであります。またご承知のとおり私の専門が植物学でありますから、自然武蔵野の植物についてはひとしお興味を持っております次第です。しかし私のほうでは、まだこの武蔵野の植物を徹底的に隅から隅まで採集することができていませんし、また自分の目的が特に武蔵野の植物を研究するということでないから、したがってだいぶ歩かない所もありはしますが、しかし武蔵野の植物はたいがい覚えているのであります。まあそういうわけで、あなたがたに対しても武蔵野の植物のお話をすることは多少できるわけであります。

まず武蔵野の植物のお話をする前に、ちょっと武蔵野ということについてお話しておかねばならんと思います。さて武蔵野と言えばずいぶん広くもとれますが、まず武蔵国内の大原野であります。それがふつうに言う武蔵野です。もっと具体的に言えば、南は多摩川が流れておりましょう。あの多摩川の方から北の方は川越付近、あの辺までの間。それから西は秩父の山よりの辺から、ずっと東は東京湾に面する辺までを、ご承知のとおり、ふつう武蔵野と言っているのであります。

それでご承知のとおり、武蔵野は今はたくさんの村や町が連なりまして、東には帝都の大東京があります。諸方に村や町が連なっておりまして、その間にやはり人間が生きていなければならんものですから、食物がいる。それでその間に耕作地が展開している。どこへ行っても耕作地があるわけです。畑もありましょう。田もありましょう。田も畑も我々の食物を作る所である。田や畑がずっと連なっているその間にいろいろな植物が生えています。やはり人間は食物を調理するには薪木を作らなければならん。その薪木を採るところの場所として林がだいぶ連なっているのであります。そしてまた松林もありかくたくさんな林が連なり連なりしている間にまた人家があるわけですね。それでご承知のとおり、あの人家の所にはやはり木が植わっている。シラカシ、ケヤキ、ムクノキなどというようなものが家の周囲にある。ああいうものは後に人が植えたものであります。

そしてアジア大陸からやって来る風が、冬から春の初めにかけてだいぶ強く吹く。あれが土埃をあげるのである。私の住んでいる大泉あたりではずいぶんあの風に閉口する。で家の中へ土埃を吹き入れる。そういうような風の吹く大原野になっておりますが、それを防ぐために、家の周囲に木を植えているのであります。その木がしだいに多くなり、またしだいに茂って今のようになっている。その中でいちばん高く聳えているのはケヤキであります。今から三千年も五千年も前の大昔の時代には、今のようにそう人はたくさんおらなかった。それであまり人が入りこまない時分は、どんなような状態であったかと想像してみますと、どうも昔のままの面影を昔のとおり今も存しているという所はどこにもないようです。それで当時の昔のままを見るということはちょっとできにくいが、それはたいへん大きな森林であったと思われる。つまりこの広い間が一面の林で蔽われておったのです。

その中には鹿もおったろうし、狸もおったでしょう。それからまた猪も出てきたでしょう。狐もおったというようなわけで獣類の棲家になっておった。その林がずっと広い間続いておった。そしてその間に草原があった。どういうわけで草原になっておったかというと、例えば今の多摩川なら多摩川の縁とか、あるいは三宝寺の池の縁の湿地とかいうような場所が草の生えている所であった。また夏になると森林の中に雷が落ちます。雷が落ちると森林の中で火事が起こることがある。また風のために樹と樹とが摩れ合って火事になると、それらを消す人がないから、どんどん焼け拡がったのです。それでそこの木がみな枯れてしまう。そして空地へその翌年から、自然に方々から種が来て草が生える。そういう所が草原になっておった。それからまた人がだんだん入り込んできた時代に、森林のたくさんあった時代には、そこに住んでおった人の不注意で山火事を起こしたこともあったでしょう。それがしだいに燃え拡がって、木が焼け尽くし、あき地ができてそこへ草が生える。それから今日の海岸は、大昔はもっとずっと奥へ入っておったでしょうが、しかしこの石神井辺まで来ておらなかったでしょう。東京湾へは岬のようにずっと出ておった所が諸所にあって、かの九段の上の高台などは、たぶん岬のように突き出ておったでしょう。

そんな方面に貝塚というものがあるが、昔に人が住んでおった時分に、海の貝をだいぶ喰べた。その貝を棄てて放ったらかしておいた。それが残ったのが今日土の中から出てくる。これらの貝塚がだいぶ奥へ入った方にあるから、その辺までは海が入りきておったに相違ない。

それから土地が隆起するということがありますが、そう急に一年に一尺も二尺も上がらないから分かりませんけれども、あの横浜に神奈川というところがありましょう。高台がありますね。あそこにいろいろの地層があるのですが、あの地層の中に海岸の地層を含んだところがあるのです。大地震にあったりすると、急に土地が隆起することもあります。けれど、またそれが知らずしらずの間に自然に上がるようになっているところもあります。この前の東京の大震災のときも、江ノ島や房州あたりも、一尺も上がった。こんな海岸によったところは潮が来る場所です。また潮風が吹くところですから、こういう所には木が生えない。もしあるとすればまあ黒松などが生えるくらいだ。そういう草の原と木の原とを比べてみると、木の原のほうがよけいあった。草原はその木の林の間にちょこちょこ点在しているような程度であったろうと思います。それが後にだんだん人間が入り込み入り込みしてくる間に、人も増え、村もできて、森林を伐り伐りして耕作地を作った。人が住んでいると前にも述べたように食物がいるから、畑を作って、林を伐り拓いてきたのです。それでついに昔の原始的森林の面影はなくなり、後には人間が作った人工的な林になってしまった。例えば薪木を採るためにクヌギあるいはコナラなどを植えるというようなことになってしまった。松を植えて松林を作るというようなことはふつうにはないでしょうが、松は自然に種子が落ちるとそれが生えて林ができるものですから、松のほうは自然林がよけいあると思います。昔の人が、

行く末は空も一つの武蔵野に
　草の原より出づる月かげ

という歌をよんでいる。これは昔武蔵野は天にとどくくらい見渡す限り一面に草原になっていて、そして月が草原から出て草原に入るという意味をよんだのでしょう。その次に、

武蔵野は月の入るべき山もなし
　尾花が末にかかる白雲

ススキの尾花がずっと続いて月が入る山もない。月はたいてい山に入るものであるが、ススキの尾花のさきへ月が入っていく。それでこういう歌を見ると、武蔵野は一面がずっとススキ原であったと感ずる。もう一つは、

武蔵野は木蔭も見えずほととぎす
　幾夜を草の原に鳴くらむ

武蔵野にはちっとも木がない。ほととぎすはしじゅう草の生えている空を鳴き渡っているという意味であります。このように武蔵野は一面の草原だと承知しておったのでこういう歌も詠まれ

たわけです。今この歌で見ますと武蔵野には林などはなくて、茫々たる草原であったということになります。けれども、武蔵野がただ茫々たる一面の草原であったという時期は恐らくなかったろうと思う。どうせ歌よみの連中ですから、自分が実際に旅行してきて詠んだ人もあるでしょうけれども、また中には武蔵野というところは広大無辺に草原が続いたところだということを人伝てに聞いて詠んだものもあるでしょう。しかし東は東京湾から西は秩父の方まで茫々たる単なる草原だという時期はなかった。旅人などが武蔵野を通るときは、そんな奥を通らないで、もっと海に寄った開けた方に道があったに相違ない。旅人などが歩いていると、その両側に自分の体よりも高い草が生え繁っているから、武蔵野はずっと草ばかりだというように信じて、それでこんな歌も生まれたのであろうと思う。ところがこういう歌があるから、武蔵野はどこまでも草原だったということを断定してはたいへんな間違いとなる。

それはどういうわけかと言いますと、この武蔵野は最も遠い古い時代からあったのであるが、この広い面積を昔の火山灰で埋めつくされたところである。それだから地面には石がなく、ああいう糠みたいな土になっているのですが、これはなん万年も前の古い時代に富士山などの大爆発がたえずあって、ここへずいぶんとその灰が飛んできたでしょう。あるときには木も草もなにもない。灰がさかんに吹き飛んできて積もり、木も草もない荒漠たる原野を現出したこともあったろうと想像せられる。そういう場合には、まあ初めは草が生えて草原が現出しますけれども、西の方に接して秩父の山々があってそこにはたくさん木があるから、その種子がたえず風に吹かれてこの武蔵野に飛んできた。例えばここにあるケヤキの木を見ますと案外にたくさんな小さい実がなります。そこへ秋風が吹きますと、その実が小さい枝とともに木から離れてばらばらになって地面へ散落する。そしてこの枝についている小さい実がその枝とともに、強烈な風に吹かれるときは、一里も二里も飛んでゆきます。そしてそれがついに地面に落ちるでしょう。

そうすると、その辺へ新しくケヤキの木の苗が生える。それが二十年、三十年……百年と経つと大きなケヤキの木となる。そうすると、一里も先に方々へ飛んできているケヤキがまた年々歳々実を結んで、絶えずその実をまき散らします。そしてだんだん面積が広くなり、なお進んではまた先へ先へと行く。それが十年や十五年くらいの短い間では分かりませんが、一千年経つとか一万年経つとかいうような長い年月の間には、ずっと広く拡がっていく。そしてこれらの木が先住者の草を征服していく。それでだんだん拡がり拡がりして、まあ一万年も経つと武蔵野原中を大森林すなわち樹海にすることができると思う。ことにモミジの実などは実に翼があって、風に吹かれて散っていくと広い面積に拡がるのですから、こんな例で見ても武蔵野原中を大森林が埋めたということはあり得べきことです。今かりに武蔵野から住人がみな退却してしまったとしてそれで百年経った後、そこがどんなふうになっているかと想像してみると、武蔵野に生長している木がたくさんあるから、その木の実が四方八方へたくさん落ちあるいは運ばれていって生え、それが茂って一面の樹林になっているであろう。そして決して草原にはなっておらないであろう。その間に木の生え得ない所だけは草原になっているであろうが、木の生え得べき所はみな森林となっているだろうと思う。このようなわけで、この武蔵野はいちばん始めの何万年前は草原で、次いですぐ森林となったわけだ。森林になった後でもだいたい東寄りの所は草原であって、東京湾の付近ならびにそれに続いた地は原野が続いていたが、山がかったような所または海から少し離れた所は森林が続いておった。

太古以来永くそういうふうな自然景になっておった所へだんだん人間が入り込んできて、前古の森林を漸次に伐り拓いて、ついに今日のあのような武蔵野を出現させたものだ。じつに武蔵野は永い年月の間に前に言ったような変遷をして来ているのである。

ずっと大昔時代に武蔵野には、どういう植物があったかということを書いた書物はなにもありませんから、昔はなにがあったか分かりませんが、まあ今日残っている植物を見ればほんのざっとしたことだけは想像がつきます、永い間には土地の状態が変わるものですから、前にあったものがその後なくなっていることもずいぶんあるだろうと思います。またよそから風や鳥などが種子を運んできて、昔はぜんぜんなかったものが、今はあるものとなっているのがたくさんあろうと思います。

他から植物の入り来る証拠を草について検討してみますと今日外国からの野草がずいぶん日本

へ入ってきております。したがってこの武蔵野原中にもずいぶん外国の植物が入り込んでいて、もとからあったような顔をして生えている。そういうこともあるから、手近い日本の植物が他の地方から武蔵野に入り込んだものも永い間にはきっとたくさんあるに違いない。けれども、さてなになにがその植物であったかそれはちょっと分からんのです。

それから先刻もお話しましたが、風致に関心を持つ人々は植物を覚えているということが最も必要です。それはどんな方面から言いましても、いろいろの植物を覚えておくとたいへん利益があるのです。けれども、その利益をいちいちここで述べている暇もありませんが、人間というものはいろいろの楽しみがなければならんので、その楽しむという方面から言っても、いろいろの植物を覚えるとたいへんに利益がある。草や木を覚えますと、非常にそれに愛を持ちまして、草木を楽しむことができるようになる。そして草木を楽しむということほどよい楽しみはない。そしてまたこれほど金のかからん楽しみもないでしょう。他にもいろいろの楽しみはありますが、どうも金のかかる楽しみが多い。ところが草木を楽しむということは、なんら金をかけないで楽しむことができるから、こんな結構なことはない。やはり楽しみの心が出てくるように仕むけてゆけば楽しくなる。そうして植物を愛することになる。人間は二六時中稼いで苦しいめに会いつつあるから、その間に不断の楽しみが必要になってきます。

それで私はみなさんになるべく草木を楽しむことにしていただきたいと思うので、それだから、なるべく草木について楽しみの心が起こるようにいろいろのことをお話したいと思うのです。

さて一つの草でも一つの木でも、ただちょっと見たらじつにつまらないように見えるけれども、いろいろ注意して味わってみますと、なかなか面白いものです。それからその楽しいかたわらにこんな重大なことも持っている。われわれは食物もとらなければならんし、また着物も着なければならん。それからまた住宅に住んでおらなければならん。われわれは衣食住の必要を痛感しているのである。その衣食住の原料は大部分植物からとっているでしょう。われわれが食っているものは多く植物じゃないですか。米でも粟でも黍でもまた豆でも蕪菁でも大根でも人参でも芋でもみな植物です。

それから建物は木を使い、着物には綿のようなものを用います。綿は綿草という植物から取るでしょう。その草の種子に毛がたくさんついている。その毛を採って紡いでそして着物を作る。これで見ても草や木が人間社会には必要なものであることが分かる。もしこれがなかったなら、われわれは一日も生活はできない。肉ばかり食べておっては生きていられない。やはり米や麦も食べなければならんし、また豆も食べなければならん。また果物も食べなければならん。そういうわけで、草木は非常に大切なものである。それだからいろいろの植物を知っていると、たいへん利益のあるものであって生活の改善もできるのです。それが不断に楽しいということになればこんな結構なことはない。私どもは植物を研究しているからいろいろなことを知っている。知っているから楽しみが深い。「朝夕に草木をわれの友とせば、こころ淋しき折ふしもなし」とは私のかつて謡った歌である。

私どもは他の人がするように芝居を見て楽しんだり、お酒を飲んで楽しむというようなことをしないでも、ただ植物だけを見ておって、その人たちと同じような楽しみをしている。このように植物を見てやはりそれが面白い楽しいというように感ずれば、まことに結構な話である。そこら辺にある草や木を見てそれがまことに楽しいと感ずるなれば、金は少しもいらないでしょう。こんな結構なことはない。さてその植物がいちばん楽しくなるようにするには、どんなにしたらよろしかろうということを考えなければならん。それはすなわち草木のいろいろのことがらを多少でも覚えることです。それからまず第一番にはその草木の名前を覚えないと興味が出ない。きれいな花が咲いておってもその名前が分からんではいっこう興味が湧かない。今頃花が咲いているのはゲンゲバナであるとか、あるいはジンチョウゲであるとかいうように、まずその名前を覚える。それからいろいろのことがらを順々に覚えると、たいへん面白くなる。今のジンチョウゲだって、どんな字を書いてあるかというと「沈」という字に、それから甲、乙、丙、丁の「丁」の字に、「花」という字が書いてある。その花の香りがよいので、それが沈香、丁子に似ているというところから、「沈丁花」というのであると、それだけを知ってもたいへん面白い名前であるということで興味が出て来ましょう。そういうふうにそのいわれを聞いても興味が出てくる。またその沈丁花の皮は非常に繊維の強いものである。あれから紙を造るということも考えられるが、それに縁のある植物でそれよりももっと実用的なミツマタというものがあって紙が造られる。ご存じのとおり今頃ミツマタは花が咲いている。上の沈丁花というものはもと支那から渡ってきた花木である。あれは支那では瑞香といって、瑞はめでたいという字。それへにおいの香が書いてあります。それから瑞香に似た木で、コショウノキという木がある。それはどういうわけでコショウノキというかと申しますと、これには白い花が咲く。それから花がすむと、きれいな赤い実がなる。ご承知のとおりこの頃ペッパーといいまして西洋料理などに胡椒を使いますが、あれはみなインドとかジャバとかいうような熱帯地方から来る。ああいう熱帯国にはみな胡椒がある。その胡椒の実は味がはなはだ辛いから辛味料とするのです。コショウノキのあのきれいな赤い実を食ってみると、とても辛いものです。この辛いところが胡椒に似ているから、それでこの木の名をコショウノキというようになったのです。しかしこの木には毒があるから、その実は食用にはなりません。

まあそういったようなわけで、いろいろのことを連想してみると、なるほどこれは非常に面白いものだというようにだんだん興味が出てくるものです。そのコショウノキの繊維からも紙を製し得るのですが、その木が少ないから問題にはなりません。ガンピは同じ縁つづきの木ですが、これからは、かの雁皮紙が造られます。

それからナツボウズという植物がある。それはどんな植物かというと、やはり沈丁花の一種で山にある。これは伊豆の熱海辺の山とか、相州鎌倉あたりの山に今頃花が咲いている。花が咲いているときには葉がある。そうして花がすみますと、今度は赤い実がなります。その時はちょうど夏です。そうして夏には葉が散ってしまって、枯れたような枝に赤い実ばかりたくさん残る。夏は葉がないようになるから夏坊主といわれる。

それから、この夏坊主をオニシバリともいいます。鬼を縛るというのだから偉いものです。鬼が動けないようにするというのだから、その皮の繊維が強靱なのです。この植物もやはりミツマタなどと兄弟同士のものであるから、同じく紙をこしらえることができる。夏坊主といい、鬼縛りといい、面白い名ではありませんか。このような面白いことがらを聴いているうちにだんだん趣味が出てきて、それでは庭先に一つ栽えてみようということになってくるのであろう。

また私らのように専門的にいろいろ研究してみますと、たえずいろいろな面白いことにぶっつかる。天然というものはじつによくできたものであるというようなことがだんだん分かってくるから、そうするとなんとなく面白くなってひとしお植物を愛することになる。植物を愛すればそれを庭へ植えて、大事がるというようなことにもなって、大いに植物に対して親しみが生ずる。そうなると、風致区中にある植物をもなるべく枯らしたり、切ったりしないようになる。そして大いに風致を愛してこれを大事にするというような気持になる。また植物が面白くなると、自然外へ出ることが多くなる。すると弱い子供などもだんだん丈夫になります。健康を進めるうえにも非常に役立つ。またその他いろいろの点に利益があるわけです。ごくふつうに路ぶちにあるハコベだとかタンポポだとか、ペンペン草だとかいう草でもみないろいろなことがらを持っているから、それを覚えればこんなつまらんような雑草でもたいへん面白く感ずるということになるのですが、そのことがらが分からないといっこう面白くない。芝居を見てもそのことがらが分からないではなにも面白味がない。忠臣蔵で勘平が腹を切るところの場面を見ても、なんのためにそんなことをするのか分からないとつまらないが、そのことがらが分かってきてみてごらんなさい。非常に面白味が出てきます。どんなことでもただなにも知らずに見ておればいっこう面白くない。それと同じように電車に乗っても中に知っている人がおってごらんなさい。「やあ、しばらくだ」「しばらくだった」というようになんとなく面白くなる。

それからまた植物にはお薬になるものがある。そのお薬になる植物を煎じて飲む。例えばゲンノショウコという草がある。下痢をするときに飲むと実際よく効く。ところがゲンノショウコでもところによるとすぐそこにあるものではない。それであゝいう植物を知っておって、庭先にそれを植えておくというと不断に使える。「どうも少々下痢しますから」と言ってお医者さんにかかると、四、五円くらいはすぐ消えてしまう。ところが庭先にちょっとそれを植えておけば非常に便利だ。そういう薬用植物を知っておっていろいろと自分の庭先へ植えておくと非常に利益になる。そのほか武蔵野原中に薬になる植物はずいぶんたくさんある。例えばオケラという植物がある。このオケラは蒼朮とも言います。それから桔梗という植物がある。これもやはり今日使う薬用植物である。ヨモギのようなものでも、煎じて飲むと非常によく効くらしい。このようにずいぶん薬用植物があります。それをここでもっとくわしくいちいち挙げてお話する時間がありませんが、しかしまず主なるものをちょっと申し上げますと、カワラヨモギ（茵蔯蒿で多摩川のあたりにたくさんある）、それからフキの薹、タンポポ（蒲公英）、ツリガネニンジン（沙参）、カラスウリ、リンドウ（竜胆、根が健胃剤になる）、アカネ（茜草）、オオバコ（車前）、ハシリドコロ、ウツボグサ（夏枯草）というようなものは、薬屋から買ってこないでも、野にたくさんある。カキドオシ、ヤクモソウ（益母草）、ハクカ（薄荷）、ネナシカズラ、ミツカシワ（睡菜、三宝寺の池のあたりにあって葉が三つ出ている）、センブリ、ミシマサイコ（柴胡）、オトギリソウ、クズ（葛）、カワラケツメイ（はま茶といってお茶にするもの。こんなものをお茶屋から買ってくる必要はちっともない。これは大泉学園あたりにたくさんある。それを採ってきて乾かしておいて刻んで焙じお茶にすると、うまいお茶ができる）、キンミズヒキ、ノイバラ（実を営実という）、アカザ（藜）、ギシギシ（羊蹄）、ドクダミ（蕺）、シュンラン（あかぎれの薬）、ヤマノイモ、カタクリ、ナルコユリ（黄精）なども、武蔵野に生じている。まだその他たくさんあります。このようないろいろな植物を注意して知っていると、自分の家でお薬をこしらえて飲むことができる。ちょっとした病気は往々それでことがすむことがありますからしごく便利です。それからまた武蔵野原中にお出でになる方は、こういうことをやってみると非常によいと思います。それは武蔵野の名物を一つ作って、金になる工夫をしてはどうかということです。それを私は前からいろいろな人に勧めておりますが、これはもう他の地方では名物になって菊牛蒡などという名前で売っております。日本になん十種とあるそのアザミの中に牛蒡アザミというものがある。これはその根が牛蒡のように喰べられるから、そう言うのです。これを用うるにはその根を畑に作るのです。このアザミは武蔵野原中には諸所に生じておって武蔵野原中に珍しいというものではない。国立あたりに行きますと、たくさんある。それを畑に作ると、牛蒡のような根ができます。そして秋になると茎が立って花が咲く。その茎の立たない前にそれを畑から採ってきて、初め塩漬けしておいて次にそれを味噌漬けにすればでき上がる。それを売品にして出すと、これは非常によろしいものです。お酒を飲む人などはたいへんこれを歓迎するだろうと思う。がりがりと音がして非常に歯ぎれがよく、また牛蒡に優る香りがしてよいものです。それだからそれを武蔵野で作って、どこかの漬物屋で漬物にして、それを東京のデパートのようなところへ出すとか、また広告して日本国中どこへでも売りさばくとかすればよい。武蔵野から出るから、名は武蔵野牛蒡とでもいうようなものにして、ここの名物にして出したら非常に面白いと思う。これはきっと当たりゃせんかと信ずる。わりあいにうまいものですから。もうすでに名物となって売っているのは、岐阜県の岩村町に富安という大きな漬物屋があって、そこではちゃんとこしらえてあって注文すると箱に入れて送ってくれるのです。かなり高い価で売っております。それをこの武蔵野でもやったらよいと思います。このアザミは武蔵野原中にあるのだから、やってみようと思えばたやすくできる。

　それからもう一つ、そういう食物のことをお勧めしたいのは、三宝寺の池のところに行くと、青い葉を持ちワサビのような匂いのする辛みのある草がある。それを料理屋へ出して刺身のつまに用いたなら、きっとあたると思います。三宝寺の池のあたりの料理屋でそれを用いたらよいと思う。これはここの名産ですというように……ふだん見馴れぬものが出ていると、お客は「これはなんだろう」と言って、女中なんかに聞くだろう。「これは三宝寺池の名物です」というようにうまくやればそれが確かにそこの名物になる。そういう利用のできるものを捨てておくのは、非常に惜しいことです。これは三宝寺池だけでなく、清水の出るところまたは流れているところにはどこにもある。水がきれいなところではよく繁殖する。それを一つやってみたらよいと思う。「乞う隗(かい)より始めよ」という概をもって、まず三宝寺の池のほとりの料理屋で実行してみたらどうだろう。

　もう一つ私がやってみたいと思うのは、秩父方面の山の中にユリワサビというのがある。ワサビはご承知のとおり辛いものである。そのユリワサビは黒紫色である。それを噛むとワサビと同じような香りがして味が辛い。それを刺身のときに使うと、雅趣があってワサビに優っている。適当なところにそれをたくさん作って、やはり料理屋へ出す。そうすると、それがまた一つの名物になる。上に述べた三つはぜひこれを実行してみたいと希望するのです。

それから武蔵野に対して必ず出る植物は、ムラサキ（紫草）という草である。昔はこのムラサキが武蔵野原中にあったのであろう。しかし今日は原中にめったに見られない。あることはありますが、きわめて稀である。

ムラサキという植物は根を掘ってみますと、紫色をしております。今日は紫の染料がありますが、ずっと前の徳川時代、明治以前にはそういう染料はなかったから、このムラサキの草の根を掘って紫を染めた。今日ムラサキの根から採った染料で染めた染物はあることはあるが、非常に乏しい。そして価がまた非常に高い。三越や松屋あたりにこの紫染めの衣服が出ておったら、なかなか高価である。けれどもその色はまことにゆかしい。やはり羽織にするとか、着物にするとかしてもまことにいいことはいいですが、めったにそれを着ている人はないのです。それは今その染地が少ないのとその価が高いからです。ここに私の持ってきている切れ地は色はあまり冴えませんが、ムラサキで染めた紫染めです。紫染めはみんなこんな絞り染めになっています（実物を示す）。

これはどこで染めたものかと言うと、秋田県の花輪という町で染めたのです。そのとき私が染めさせたものを、娘の羽織にしてやりましたが、そういうように染めるところはあるが、注文でもしませんと、たくさん染めてふだん売っているというほどにはなっていない。紫染めは昔は江戸紫といった。江戸で染めた紫である。またムラサキの根を紫根といいます。それで一つに紫根染めともとなえます。江戸は今の東京ですから、つまり東京で染めたのを昔は売っておったわけである。それらは武蔵野にあった原料でやったものか、あるいは原料をよそから取り寄せてやったものか、また原料といっても、野に生えているものを用いたか、作ってあったものを用いたかその辺があまりはっきりしませんが、とにかくムラサキは昔はよく畑に作られたもので、そしてその根を用いた。このムラサキの草が武蔵野では昔から一つの名物になっている。それでこういう有名な歌があります。

紫の一もとゆゑに武蔵野の
　草はみながらあはれとぞ見る

これは昔武蔵野にムラサキというゆかしい草があったために、他のいろいろの草までもみなゆかしく感ずるというわけですね。それでムラサキが、武蔵野の草のいちばん王様になっている。武蔵野というと、必ずムラサキを引き合いに出してくる。それが常識になっている。それでムラサキというと、いつでも、武蔵野を想い出すというようになっている。このムラサキは秩父の方面へ行くと山地の草の間に野生しているが、こんなところから採ってきまして庭へ植えておくと、毎年茎が立ってよく花が咲く。ところがムラサキは非常にきれいな可愛らしい花が咲くかと期待していると、その期待はまもなく裏切られる。やがて小さくて白い花が梢の枝に順々に咲いていく。たいした見ばえはない。根を掘って見ると、牛蒡根みたいになっている。その根が紫色を呈している。

こんなものが染める染料になる。それからこのムラサキは一方では薬用植物の一つである。すなわちムラサキは一面染料になり、一面薬用になる草なんです。なにに効くか私は知りませんが、その根をお薬にします。花がすむと実ができますから、その実を採って蒔きますと、いくらでも生えますからたくさんに庭に殖やすことができます。

それから武蔵野植物の第二代表はなんであるかと言うと、まずススキですね。ススキは武蔵野になくちゃならん植物である。

このススキは国によってカヤともいいます。武蔵野ではこれが一面に生えている。

秋になってススキへ花の穂が出ますと、それを昔から尾花といっています。獣の尾のようだから尾花というのです。あれを見て臆病者が幽霊と間違えたので「幽霊の正体見たり枯尾花」の句がある。その尾花が風に揺れると、かなり風情があります。ススキの花穂は枝がたくさんに分れておって、その枝の上にたくさんの花がついている。その花の下には毛がある。その花が咲くと後になって小さい実がなる。ちょっと実があるようには見えないからふつうの人には分からないがじつのところ小さい実ができるのである。秋の末になって風が吹くと、それが穂を離れて飛び散り地に落ちるのでそこから新しく苗が生えてくる。こんなわけであるからススキはなかなか殖えることが早い。それで四方八方の土地がだんだんススキ原になってゆきます。

そうしてこれが武蔵野に非常に景色を添えております。この原野からススキを取ってのけると、そこの秋の景色はとても淋しくなります。これは武蔵野としてはなくてはならないものである。しかし耕作地に入りこまれると困るが、その他のところにはあってもいいわけですね。

それからススキの根元に面白い植物が生える。これはみなさんはご承知かも知れませんが、まるで煙管の雁首のようにススキの根元に数寸の高さで横へ向いて、紫色の花がたくさん咲いている。葉もなにもない。下からずっといくつも分れて出ているのである。そして横向きになって花が咲く。ちょっと見るとススキから花が咲いているようである。これはなんという草かと言うとオモイグサ（思草）といいます。植物学の方ではナンバンギセル（南蛮煙管）ともいう。私の宅の庭先にあるススキのところにいくらも生ずる。これはなお諸方にも生える。三宝寺の池の付近にも見られる。花が横を向いているから、人が頭を傾けて思いに沈んでいるようなさまがあるので、それで思草というのであろうが、これは面白い名である。

万葉集の歌に「道の辺の尾花がもとの思草今さらになぞ物か念はん」とあるのはそういう意味でこの草を詠じたものであろうと思います。

このオモイグサはススキの根元に種が落ちると、来年はそれが芽を出して生えてくる。そしてオモイグサは養分をススキからとって生長する。盆栽を楽しむ人はまずススキを鉢に植えて、そのススキの根元にオモイグサの種を蒔いておく。そうするとオモイグサの盆栽ができる。このナンバンギセルの盆栽はちょっと面白い。

それからススキに非常によく似ているものにオギ（荻）というものがある。このオギはどんな場所に生えているかと言うと水辺のところに生える。ススキは乾いたところに生えるが、オギは水際に生える。またススキは一株にかたまって生えるが、オギは地中の茎がずっと横に這っていくものである。しかしオギはススキとは兄弟同士である。風が吹いたときにオギの葉が触れ合うて音のするのを、窓越しに聴くと非常に風情がある。

それだから「荻の葉そよぐ」などといって歌に詠まれている。この風情に富んだオギがやはり武蔵野原中の処々にある。

多摩川のあたりにもこのオギがあるし、その他水のある付近にはそこここに生えている。私が電車でよく通る富士見台駅のすぐ隣地にオギのとてもよくできるところがある。それはわずかな地坪であるが、ここは毎年よく栄える。

このように武蔵野の植物はたくさんありますから、それを片端から話していると二日も三日もかかり、こういうところではとてもちょっと語りつくせません。

終りにちょっとハギ（萩）についてお話いたします。ハギは秋の七種の一つになっている。この中ではハギは草に伍しておれども元来ハギは灌木であります。このハギの花の咲いているさまはまことに風情のあるものである。ハギを萩と書くのは、この植物は秋に花が咲くからである。

ゆえに草冠りに秋を書いて萩の字を日本でこしらえたものだ。支那にも萩の字があって字体は同じだけれども意味はまったく異なっている。日本で作った字はなおたくさんあって椿、榊、峠、働などもそれである。これを一般に和字と称する。右の和字の椿はツバキで支那の椿はチャンチンという木である。

それではもうこのへんで私の話は打ち切っておきます。なにも面白い話ではありませんでしたが、みなさんが静かに聴いて下さいましてありがとうございました。

（昭和十二年）

野生食用植物の話

　ただ今ご紹介にあずかりました牧野であります。あそこに書いてありますように、今日は野生食用植物のお話を申し上げることになっておりますが、題が漠然としておりますので、話も漠然としているかも知れませんけれども、どうぞお聴きを願います。なんでも前に一度こちらの講演会でお話をしたことを覚えておりますが、何年かだいぶ前のことでありまして、きょうは二度目にお話するようなわけであります。

　あの題が示しておりますように、野に生えている植物、すなわち人が作っていない野生の植物で、いろいろ食用になるものがあります。そのことにつき、私は植物が非常に好きであるとともに、人間にとりましてたいへん入用なことであるというふうなことから、もう古いときから野生の食用植物についてはしじゅう関心を持っているのであります。私がふだんもうすこし用事が少なくてもっぱらこういう方面に力を入れることができたならば、今よりはもうすこし具体的な仕事がなにかできているかも知れませんが、私はいろいろな用事があって、もっぱらこういう方面に力を入れることができない。それで非常に残念〳〵と思いながら今日になってきているようなわけであります。それでもこの研究が最も大切なものであるということは一日も忘れたことがない。始終頭の中に往来している問題でありますが、ただその研究した結果があまりないという、そういうふうになっております。

そこで私はみなさまがこういう方面を研究せられて、一般の利用になるようにはかられることを大いに希望するわけでありますが、ことに私の最もお願いしたいのは、慶応病院でもよろしいしまた大学の方でもよろしいが、そういう機関を一つお作りになりまして、たえずそういう方面の研究をせられて、その結果を片っぱしから世の中に発表されまして、そうして何年かの後にそれがだんだんに完成するようなふうにということをお願いしたいと思うのであります。

これはただ今すぐになんの効も収めない仕事かというとそうではありません。いろいろのことを考えてみるとたいへん焦眉(しょうび)の急に迫っている問題であります。去年でしたか一昨年でしたか、東北地方においてはあのような飢饉になって、食物が欠乏した。ああいう場合にただ今申し上げたような機関がありますと、たいへん助かるだろうと思います。もう一つ私どもが大いに関心を持っておりますのは、今日の世界の動きであります。ご承知のように国際間の関係もまことに微妙なことになっておりまして、いつ爆発して戦争になるか判らぬような情勢にあります。軍備のほうもしし(、、)として整えているわけでありますけれども食物ということも非常に大切な問題でありますから、一朝なにか事の起こったときに食物にも苦しまないということをやはり考えておかなければならぬ。その食物を備えることについてもいろいろな方面がありますが、そのなかでも、日本に生える植物で食用にしていいものがあればそれを片っぱしから利用して、食うに困らぬよう食物の助けにすることが必要であると思います。

それでこれを徹底的に研究して、その食用植物の種類を、目に一丁字を解せない人でも、すぐにそれを見れば分かるというように書いたものを一つ作って、そうしてことのあった場合の用意にせぬといかぬと私は思うのであります。

それからまた日常の生活にしましても、今日社会がなかなかむつかしくなってまいりまして、金のある人は問題ではないとしましても、そうでないほうの無産の人になりますと、一つでも食物が増えてよけいにある方が都合がいい。そういうわけでありますから、単に畠で作った植物でなく、やはり野にある植物でも利用のできるものはそれを利用して、命をつなぐようにしたほうが得じゃないかと思う。

そういう方面はいっこう一般の人には徹底していないでずいぶん等閑(なおざり)になっている。これを食用に利用したらいいというものが眼前にありましてもちっとも利用していない。これは食えるえないということを知っている人から見ると非常に残念に思う。例をいってみますと、これは日本の植物ではありませんが、今では日本いたるところにどこにでもさかんに生えている、形の非常に大きな植物でアオビユというのがある。これは日本の植物じゃなく前には日本になかった。

それが日本に入ってきて植物学者がアオビユという名をつけて発表した。これはヨーロッパの植物であります。これがヨーロッパ戦争後日本にだんだんさかんになりまして、今では夏になりますとどこにでもその植物が生えております。その植物は高さが私の背よりも高くなり、葉も六、七寸ぐらい、その幅も三、四寸ぐらいになり、ちょうどハゲイトウの葉を見るような大きな葉が付く。植物学上からいえばヒユの一種であります。ヒユは植物学上でAmaranthusといい、支那の名でいえば莧（ケン）と称えますが、このヒユは昔支那から来たもので、蔬菜の一つとして田舎に行くと百姓の家に作っているのを見かける。ヒユは昔から食用植物として畠に作ったものであります。アオビユというのはそのヒユ属の一つでありまして、無論毒のない植物であります。ヒユはおひたし等にして使いますが味の悪いものでない。それだから今のアオビユをふだんの蔬菜として利用したらいいと思う。どこにでも生え、荒廃地にさかんに茂ってだれも採る人がないからなおますますさかんになっている。秋になって枯れますが、元来一年生の植物で春種子から生えて五尺くらい大きくなる植物であります、私はこの草を利用せぬのはもったいないように思います。東京に大地震のあった時に食物が乏しくなって困った。私どもはアオビユが食えることを知っていたから、ちょうど九月頃でさかんに繁殖しておりますので、それを採ってきてひたしものにしたりして食べたことを覚えております。こういうように食物になるものがすたっているわけであります。それは雑草だから栄養がないというようなことは決してありません。やはり草だから相当の栄養価を持っているわけであります。栄養の方はそういう方面で研究すればどういう栄養価があるかが分かる。こんな草がすたっているということはまことに残念なことであります。

また食卓の上で大根ばかり食べても興味が少ない。蕪ばかり食べても興味に乏しいが、ときどき変わったものが食卓にのぼるということは趣味の上からいっても必要なことでありますから、上に言ったような草が食用になればときどき採ってきて食膳にのぼらせたら私はいいと思う。どうせ野の草ですから、畑で作っている草よりか味は劣るだろうと思うけれども、それは調理の仕方によっていかようにもなりはせぬかと思う。調理の仕方を考えてやれば相当の蔬菜になると思う。それはアオビユばかりでなく、ヒユでいえばふつう野外にイヌビユというのもある。このイヌビユも食用になるが東京辺の人はだれも食べていません。しかし日本のある地方の人は食べている。やはりヒユといって食べている。それがまた、東京辺にも方々にふつうに生じていますから、それを採ってきて食べるということもいいですね。

こういうふうに野生の植物の中に日常食べられるものがたくさんあるのに、その研究機関がまったくなく、紹介するものもなく、ふつうの人はだれも知らずにいるわけです。その機関があって、そこで研究をして、研究の結果を片っぱしから世の中に発表して、どんな人にも分かるように公にするということが私は必要じゃないかと思う。

それから東北地方ではいろいろなものを食用にします。冬何ヶ月間雪の中におりますから、食物がだんだん欠乏する。それで夏の間に野山にあるところの草や木の芽なんかで食べられるものはなんでも集めてゆでて干しておいて、そうして冬の食物にする。それから雪が融けますといろいろのものが芽立ってくる。つまり山菜です。その山菜を街へ売り出す。いろいろなものが売り出される。私は一度その時季に東北地方に出かけて行って、どういうものを食べているか見たいということを何年も前から思っておりますが、いろいろの差支えからまだよう行かずにおります。そんなわけで、そんなような研究が十分できずにいるのでありますけれども、さきほどもお話しましたように、日本に万一のことがあった場合には、食物の問題でありますからやはり命に関係する問題であります。命に関係する大問題が閑却せられて、そのままになっているということはいかにも残念に思います。それですからそういう研究機関を作っていただければ日本の国のためだと思います。そういう機関ができて、その間に私どもが仕事をしてもいいようなことがありましたら協力してもいい。やはりそういうことを研究するには植物分類の学問をやっていっさいの草木を知っている人が参加しているということが便利かつ必要じゃないかとも思います。私ども数年前に一度そういうことを実行に移そうとしましたが、いろいろな障碍がありましてできなかったことを、今でも残念に思っている次第であります。

日本は非常に植物の豊富なところでありまして、ドイツとかイギリス、フランス、ああいうところに比べると、日本の植物は幾層倍もよけいにある。非常に種類のたくさんある国でありますすから、したがって食用にする植物もたくさんある。ドイツは戦争中に四境を囲まれて国民が食糧に苦しんだときがあった。そのときにドイツ政府は、野にあって食べられる植物を一枚の表にしまして、それに着色図を書いて、これはサラダにするとか、なんにするとかいうような解釈を加えて、民間一般に配ったことがあります。ドイツあたりでは植物の種類が少ないものでありますから、したがってそういう表を見ましても数が少ない。日本でもしあんな表を作ろうとすれば、種類がたくさんありますから、たくさんの種類を網羅することができる。もし戦争が起こりまして、ドイツのしたことにならって、そういうような表を配らねばならぬ場合がないとも限らぬ。そこで今お話しましたようにふだんの用意が必要でありまして、あらかじめそういうことを用意しておかなければならぬわけですね。いわゆる「天の未だ陰雨（いんう）せざるに迨（およ）び彼（か）の桑土（そうど）を徹（と）り牖戸（ようこ）を綢繆（ちゅうびゅう）す」とはこのことであります。

　それで、そういうものを研究するには、まず第一番に食用となるものの図を作ることであります。図の作り方はいろいろありまして、例えばナズナの食用になることはだれでもご承知でしょうが、ナズナの枝の先を図にして花の咲いたり実のなったところを図にして、それでいいかというと、そんなものではいかぬ。種類を知るにはそういうものでも結構でありますけれども、食べるにはどういうところを食べるという、その食べるときの状態の図を作らなければならぬ。時候でいえば十二月とか一月とかいうまだ茎の立たぬ芽立ちの食べられる時代の形をちゃんと入れて作って、これはなんという種類だということをハッキリさすために、花や実のある図をそれに添える、そういう図を作らなければならぬ。根を食べるものはちゃんと根の付いた図を作る。主体が食べるところだから、そういう方に重きをおいた図を作るのですね。それからその形状を解説したものをそれに付けて、その次にはその栄養価値とか、それに含まれている成分とかいうものの研究が書かれ、その次にはどういうふうにして食べるのが一番おいしいというような調理法を研究して記入する。それから野に行けばそれがあるとか、河原に行けばそこにあるとかのそれの育っている場所をそれに記入します。こういうものができ上がれば完成するわけでありますが。ただちょっとした書物でちょっとした図を入れてちょっとした解釈をする。そんなことでは駄目だ。ちゃんと色まで入れて、どんな百姓が見ても、どんな教育のないものが見ても、これはあの草だ、これはこの草だということが分かるような図を作らなければ徹底しない。そんなことはちっとも難しくない。そうとうの時間をかけ、しかるべき人が画家を監督してこう描けといって描かせればできるわけで、帰するところは金の問題でありますが、そういうことを研究する一つの機関があるとすれば、それにはそうとうの費用があるわけだから、右のことができていくと思う。それをやらねば嘘です。そうして日本にありとあらゆる食べられるものを、どれほどあるか分かりませんけれども、例えば二百あっても三百あってもみなそういうような図を作る。これは食糧問題でありますから国民一般に普及せねばいかぬという立場から、そうしてまた一朝有事のときに役立てなければならぬという立場から、政府でそうとうの費用を出してそういう出版をして、それを無代価でもよろしいし、ごくわずかの代価でもよろしいから民間に普及させる。そうすれば好結果があるわけで、まさかのときにすぐに役立ち、それを見ればちゃんと分かる。また植物には毒のあるものがずいぶんあって、それを食べると毒にあたる。たいへんな問題が起こって人命を失うことになる。それだから有毒植物をも研究して、やはり同じような図を作って、こういうものは食べてはいかぬというように警戒させていかねばならぬ。

日本も明治維新後七十年に近い年数を経て、いろいろなものが設備せられているにかかわらず、まだこういう方面の仕事がいっこうできていない。わずかに民間に「食用……」なんとかいう本があっても、それが徹底した編纂者でないためにあまり実用にならない。さらに最近にできた食用植物の本でも遺憾な点が少なくない。あれじゃほんとうの実用にならぬという感を特に深くします。そういうわけでありますから、これはどうしても、実際に役立つものを新たにこしらえなくてはいかぬ。

それから今の人はあまり飢饉というものに出会ったことがありませんから分かりませんが、日本には昔は飢饉という恐ろしいことがずいぶんあって、五穀の実りが悪いとか、あるいは天災によって実りが少ないと、飢饉というものが襲来したわけであります。飢饉というのは、要するに食い物が乏しくなるわけで、新しい事実は先ほど申しましたような東北地方の飢饉であります。

自分の可愛い娘まで売らなければならぬというような悲惨事をひき起こすわけでありまして、さらに食物が足らぬので餓死するものもできる。今は飢饉があっても餓莩が道に溢れるというようなことはありませんけれども、昔は何万という人が飢饉のために餓死するということがあったのです。その飢饉が襲うてくることを防ぐために野外のこういう植物は食べられるということをみなに知らせておく。それで徳川時代のそういう方面の書物を集めてみると、ずいぶんたくさんある。いわゆる救荒植物というて、飢饉を救うところの植物を書いたものがずいぶんあります。私の集めたものでも大分たくさんあります。それには、これは毒があるから食ってはいかぬとか、これは食い物になるとかいうことが書いてありますが、そういうものを見てみますと、中には遺憾な点もずいぶんある。例えば食べられるものが落ちており、いっこう食えないものが食えるものとして入っているということがありまして、非常に疎漏な点が大分ある。それは編纂者がそういう方に堪能な人であって、実地に明るい人であればそういうことはないわけであるが、中にはいいかげんに机の上で作ったものがずいぶんある。そしてまた焦眉の急を救うために、こんな昔の本を土台として作ったものがたくさんある。それゆえ実際にそむいたことをも書いてある本が少なくない。さてそういう本というのは、ここへその一部分を持ってまいりましたが、支那の本で救荒本草という、こんなに厚い本であります。内容を見ると図が出ておりまして、食べるときにはゆでて食うとかいうようなことが書いてある、こういうような本があります。これでもなかなかいろいろな支那の植物で食べられるものが集めてあります。日本にある食える草木はまずこの三倍くらいあるが、それくらいの大きな本がこれまで日本にできているかというと、なにもできておらぬ。日本でできているものはもっとかんたんな薄い本である。その点は昔の本ではあるが支那のほうがずっと徹底している。ともかくこういう形状の図を書いてそれがどんな所に生ずるということや、またその形状や食法などを紹介しておりますから、支那の方が徹底しているわけであります。こういう本があったために、この書が日本でいつも中心となっております。

日本では支那の植物の名を非常に尊んで、今でも植物は支那の名で書いているものが多い。例えばアジサイを紫陽花と書くとか、ジャガイモを馬鈴薯と書くとか、カキツバタを燕子花と書くというようなわけに、支那の名を尊んだ風習が、今もカキツバタという場合に燕子花と書かなければ趣味がないように感じて、支那の名を今でも用いる。ところが、紫陽花と書いたものがアジサイで、馬鈴薯と書いたものがジャガイモであれば問題はないが、それが間違っていて、そしてこんな例がほかにもずいぶんたくさんある。それは徳川時代の学者ではそういう間違いが判らなかったから、いいかげんに当ててあったものが習慣になって今日にきているのである。だんだんに支那の植物の研究をやって、いろいろ注意してみると、徳川時代に当てたその植物の当て方にとても間違いがたくさんある。例えば款冬と書いてフキとよむ（また蕗と書いてもフキとよむ）。それからこれは食物にする植物ではありませんが楠という字を書いてユズリハとよむ。そのほかこういうものをいろいろ挙げますと何百というほどたくさんある。この救荒本草の書物の中に大蓼という植物があって、これが食えると書いてある。この大蓼という植物を日本の学者はセンニンソウという植物に当てていた。このセンニンソウという植物は蔓性植物でありまして、たいへんに毒のある植物で馬がそれを食うと歯がこぼれる。馬の歯をこぼつというほどの毒を持っている。実際嚙んでみると、とても味の辛いもので、舌がひりひりするくらい辛い味を持っている。救荒本草の大蓼が食用になるというのであるから、この大蓼であるとして当てた右のセンニンソウも食用になるとなるわけである。しかるにセンニンソウは毒草でとても食用にはならない。このセンニンソウという植物は大蓼じゃない。このようにその名の当てそこないによって食えぬ植物が食えるとなっている。この植物はウマノアシガタ科のものであるが、いったいこの科に属する植物には有毒のものが多い。トリカブトのようなものはたいへんな毒がある。キンポウゲ、キツネノボタンというようなものはやはり毒がある。センニンソウも前に言ったように同じ科のものであるから毒がある。その毒のものが食えるとなっている。それを信じてセンニンソウを食ったときには必ず中毒するであろう。

そういうような名称の当てそこないのために食えないものが食えるものになっているものがずいぶんある。しいて食えば食えぬことはないでしょうが、食物として適当せぬものがずいぶんある。従来の本に書いてある植物で、こういうような名称の間違いから、食べられぬものが食べられるとなっている例がずいぶんある。広くいろいろの書物を読んでいる者が見ると、その間違いがよく分かる。そうしてこれはなんという書物から出たものだということも分かる。こういうようなことがあるから、今の本に出ているからそれがみな食べられるということは言えぬ。それを識別するということはよほど植物を知った人でないとできぬ。先刻お話したように完全無欠なものが今日まったくないから、止むを得ず従来の書物を参考にすることはいいけれども、こんなものを本尊として、この中に書いてあるからそれらの植物はみな食えると盲従的に合点することは非常に危険だと思う。それでどうしても従来のような変な習慣に捉われず、新たに本を作るということが必要であります。まず実地について現に日本の人が食べているものを土台にして書けばいちばんいい。春になって摘み草をする。タンポポを採り、ツクシを採り、ヨモギを採る。そういう実際に食用にするものを土台にしてこしらえればいいわけであります。まずそういうような土台を作って、実際に行なわれておらぬものは、植物自然分類学などを参考として後から考えて、この草はなんの属であるから食用になるものだというように、今まで用いていない新たな食品は後から研究してそれに付け加えればいい。例えば十字科植物の属にタネツケバナ（Cardamine）という植物がある。このタネツケバナの一種で実際食用にしている植物に、オオバタネツケバナというものがある。武蔵野原中にも、野州の日光にも、その他方々の山にもある。私の近所に三宝寺の池があるが、あの池の一部分にもある。そういう清らかな水のあるところには諸所にある。

ここに今村繁三さんがおいでになっておられるが、今村さんの国分寺のお屋敷の中にもたくさん生えている。先年いただいたことがあります。国分寺停留場のある少し先を横へ入ると水の出てくるところがありますが、あそこへ行ってもたくさんにある。それを伊予の国の松山ではテイレギといいまして、八百屋に売っている。十二月頃それがたくさん出て魚のツマにしたりして食用にしている。それをどこから松山へ持ってくるかというと、隣に高井という村があって、そこから持ってくる。松山の名物名所の俚謡があるが、その中にも高井の里のテイレギと出ております。その属の中に、どこにも生えている植物で、前にも言ったタネツケバナというのがある。そのタネツケバナを嫩いときに採ってきて食用にすることができる。タネツケバナは毒もなんにもない。上のテイレギ（オオバタネツケバナ）に近い種類で、それも食用にすることができる。こういうわけで、ちょっと植物の学問があると、その属のものは食用になるという予想がつくから、実際にそれらを採ってきて食ってみるというと、だんだん食品がたくさんになる。たくさんあればあるほどけっこうで、なにもかも食えればこんな幸いなことはない。

右のテイレギというのは葶藶というこの字面から来たものですが、じつは間違っております。ほんとうの葶藶はその種子が漢方の薬によく用いられるものである。その種子に味の苦いのと、苦くないのとあって、その苦いのを苦葶藶、その苦くないのを甘葶藶といい、原植物が二つあって、これが薬用植物になっている。日本の人は葶藶というのはこれだろうか、あれだろうかと思いわずらった末、イヌナズナという草をそれだとしている。日本のふつうの書物にはそう書いてあるが、それは本当いうと間違っているので、葶藶は元来イヌガラシであります。しかるに昔かの松山の品を学者が見てこれを葶藶だといったから、そこでそれがテイレギということになって松山の名物となっている次第です。これはなにも松山に限ってあるばかりでなく、どこにもあります。右のようなことを考えるとどうしても植物の分類学の知識が土台になる。そういう知識があると、これはなんの属に属するか、これは兄弟同士のものだというようなことが分かるから、また毒のある植物か、毒のない植物かを定めるにも都合がいい。また今の葶藶というオオバタネツケバナが食用になるからタネツケバナも食ってもいいということもすぐ考えだされるわけで、そういうふうにしてだんだん食用植物の種類が増えてくるのである。

食用植物でもまた有毒植物でも、それらを研究するにはどうしても植物分類の知識が必要です。そうして研究してだんだん品をふやして、百食えるものがあれば二百に増やすということが必要であります。それからまた植物を分類学的によく知っておれば間違いを起こさぬということにもなる。それにはこういう例があります。菊科植物にモミジガサという植物がある。東京の西の高尾山に行ってもたくさんあります。木の下などに生えていて三尺くらいの高さになり、草は大形でモミジのように分裂し、白い花が穂になって咲きます。このモミジガサの芽立ったときにそれを採って奥羽地方では食料にし、その土地ではシトゲと称する。私もこれを食ってみましたが、フキのような匂いがあって食べられる。春雪が消えると、里の人がそれを採りにいく。注意しますと、それと同じ場所に生えているものにトリカブトがある。このトリカブトは植物学上からいうと、Aconitum の属ですから有毒な植物である。その芽立ちの葉の状態が上のシトゲによく似ている。それがいっしょのところに生えているからよほどよく見分けなければならぬ。それをいっしょに採ってきて食べると、トリカブトの毒にあたって命を失うということになる。ずっと前に新聞にそれをあやまって食って毒にあたったということが出ておりました。そういうことがありますからやはり多少でも植物のことを心得ていないと、とんだあやまちを起こさぬとも限らないことにもなる。植物の分類学者だと、その植物の実物を見れば、ただ葉ばかり見てもこれは何科に属するということがよく分かり区別ができるから、その点は都合がいい。

それから食用植物の例としまして、武蔵野に生えていながら東京の人も武蔵の人もだれも注意していないが、ある国ではこれを食品としている植物が一つある。それはアザミの類であります。アザミはわりあいに牛蒡に近い種類であるから、したがって香りも味もそれに似ている。牛蒡は日本の植物じゃない。あれは外から入った植物で、畑に作っております。牛蒡は牛蒡一種だけしかありませんが、アザミにはたいへん種類がたくさんあって、日本ではなん十種という多数の品種があります。無論どれでも毒がないから食べられる。このアザミの中にゴボウアザミというのが一つある。それは昔の人がつけた名前で、根が牛蒡に似ておって食べられるからゴボウアザミと付けたが、このゴボウアザミが武蔵野にはたくさんあります。東の方にはないが、西の方へ行くと見られる。国立付近を歩くとそれがいくらでもあって採ってくることができる。そのアザミの根は長さが七、八寸くらいになる。短いのはもっと短いのもあります。太さは指くらいの太さで、枝がいくつにも分れずに直下している。それがわりあいに軟らかくて、採ってきて煮て食ってもいいけれども、それを味噌漬にして、ある地方では有名な名物となって、ずいぶん高い価で売っている。美濃国に岩村という町があるが、その岩村町ではこれを菊牛蒡といいまして、その根を味噌漬にして売っております。岩村の町に富安という大きな漬物屋があって、その店で売っております。やはり折なんかに詰めて売るわけです。なかなか買ってみると高い。あの辺では野にあるかどうか知らぬが、それを岩村町の隣村で桑畑の中へ作らせています。

それから、出雲国と石見国との境に三瓶山（さんべ）という山があって、その山麓に温泉の出るところがある。そこではそれを三瓶牛蒡（さんべごぼう）といって、それが一つの名物となっている。名は方々で違っておって、三瓶山では三瓶牛蒡といい、岩村では菊牛蒡といっている。そのじつなんであるかというとゴボウアザミである。それだから私はよく人にすすめていう、なぜ武蔵野で一つの名物を作らぬかと。野生のものは硬かったり根の形状が悪かったりすることがあるから、その種子を採って畠に蒔いてそれを作って、武蔵野牛蒡とかなんとかいう名をつけ、その味噌漬を料理屋にでも持っていって、大いに売れればひとかどの商売になる。それをそのまま放っておくのは惜しいものです。

私が失業したらそういうことを知っているからさっそくやらんとも限らないが、職業を探している人はさっそくそれに着眼してやってみたら一つの商売にありつくと思う。

それは食ったときに味がよくないといかぬが、ゴボウアザミを味噌漬にしたものは味がとてもいい。まずだいいち歯ぎれがいいものである。食べるとカリカリと音がする。そして牛蒡らしい強い匂いを持っておりその匂いは牛蒡よりもいいから資格は十分に備わっている。これを大いに売り出せばいいが、売り出さなくとも家庭用のものとして、畠の縁に作っておいて、ふだんの食料にしてもいいし、お客が来たときに出してもけっこうなものでことに珍しいものである。そういうようなものは飢饉はなくともふだんの食料にできる。こんなよいものを捨てておくのは残念である。これは世間の人がそのアザミが食物になることを知らないから放っておく。これはすぐ眼の前にあるのだから、私どものいうことを聴いた人がさっそく実行すればできるが、人というものはすぐ実行するものじゃないから、話はたびたびしてみても誰も実行することをせずにしまっている。それは残念だと思う。

それから武蔵野は昔火山の灰の積もった土地だから石がなくて土が深い。したがって大根がたくさんとれる。練馬大根の産地である。それと同時によくできるものは牛蒡です。牛蒡の根は非常に長く直下したいいのができる。アザミ類とか牛蒡とかいうものは武蔵野はよく適している。今のゴボウアザミを植えても武蔵野原ならばよくでき、立派な根が得られるから都合がいい。

それからアザミの類はどんなものでも食用になる。越中の立山へ夏行きますと、山の上の方に芽立ちの植物がずいぶんある。あそこのタテヤマアザミというのは根を食うのではなく、その芽立ちを食う。それを汁に入れてよく食う。それから東北地方へ行くと、アザミの若葉を食べる。あれは毒のないものですから、利用のできるだけは利用していいものです。

それから富士山へ行くと、これは日本ばかりでなく世界の薊（アザミ）の王様といっていいくらいのアザミがあります。秋に富士つづきの籠坂峠に行くと高さ五尺内外もあるような、巨大なアザミがあって、花の咲いたときはそれが道の縁にたくさんに見られる。富士山にたくさんあるから植物学界でフジアザミといっているが、これは富士に限ったことはなくまだ他にもあります。ああいう火山の岩屑がたくさん砂礫のようにすざれているようなところに育つアザミです。根が非常に長い。そのアザミの皮がまた食用になる。富士山の下に須走というところがありますね。あの辺では須走牛蒡と呼んでいる。また富士牛蒡といっていることもあって、アザミとはいっておらぬ。牛蒡といっている。その根を採ってきて、水に浸けておくと皮が剝げてとれる。厚い皮がくっついている。その皮は肉が厚くて匂いがある。黒い上皮をこそげ取ると白くなる。それを細く刻んでキンピラ牛蒡となして食べる。それは牛蒡よりずっと匂いが強烈で、おいしく食べられる。このフジアザミを私は一度庭へ植えてみたことがあるがよくできます。フジアザミを作ろうと思えばいくらでも作れる。葉に刺があって痛いから閉口しますが、これはたいしたことではない。飢饉とかなんとかいうことは別問題として、ふだんの家庭の食膳の上の食料としてもたいへんに興味がある。

それから人のよく飛び込む伊豆の大島の辺にアシタバという大きな繖形科の植物がある。ウドのように高さが五、六尺に成長し、非常に丈夫な草です。それを大島では食用にする。大島ばかりでなく相模半島辺でも食用にしているところがあります。このものは昔から食用にされておって、馬琴の椿説弓張月という小説のなかにもアシタバのことが書いてある。これは前から有名な食用植物で、自然に生えるのを採ってきて食べている。それは非常に強い勢いのいい草でありますから、きょう刈り取っておいて、さらに翌る日いってみると、もう葉が出ている。明日の葉というところからアシタバという名がある。もしもこれを畠に作れば非常によく芽立ってきましょうから、それに藁と土とをかけ、モヤシ式に作ってみたらと、前から思っておりますけれども、まだ実行せずにおります。もしもこれをモヤシ式にやったらずっと軟らかくなり、もっと穏和な香りがするでしょう。それをやってみたらどうかと思うのです。これはことによるとふつうの八百屋に出る野菜にすることができようと思います。しかし今日それを実行している人がひとりもないのはまことに残念だ。

それからヤオヤボウフウ（八百屋防風）というのは刺身のツマによくつけるが、この葉柄の赤いボウフウを作っているところがあります。作るといってもただ砂浜で砂をどっさりかけて、モヤシ式に作るというだけです。あれでも作らぬとたくさん得られぬから作っている。砂浜に作ればいくらでもできる。ヤオヤボウフウの食べるところは、青い葉があまり出ないうちの葉柄ですが、葉が出ても初めのうちなら赤い葉柄は食べられる。あの葉柄を食用にするとおいしいもので、いま八百屋ではモヤシにしたのを売っている。こういうものも作り方の改良のしようによっては好いモヤシができると思う。これも海岸にある野生の植物を利用したものであります。

それからこれも繖形科のもので、ボタンボウフウというのがある。相州の江の島などに行ってもよく見られる。葉が牡丹の葉のようで、白い粉をふいている。ちょっと盆栽にでもしたいような姿をしている。そのボタンボウフウというものを採ってきて、それの軟らかいところを食用にする。私も食べてみましたが、たいしておいしくはないけれども食べられる。あるとき関東地方のあるところに、それがたくさん作ってあったから、これはなんというものかと聴いてみたら、これは食用ボウフウというものだと言っておった。海岸に行けばたくさんある。そして大きな草ですから畠で作って若芽を食用にすればよい。あまりいい匂いではありませんから好かぬ人もあるかも知れぬが、とにかくこれらも利用のできる植物である。

それから東京上野公園の後ろの鶯谷の停留場を五月ごろ通りますと、あの崖のところにまっ白い花を傘形に咲かせたかなり粗大な草がある。あれはハナウドという植物であります。昔、徳川時代には芝の増上寺にあれがあって、その時分には増上寺白芷（びゃくし）という名もあった。このハナウドの葉が食用になる。あれの若い葉を採ってきて食べる。これもあまりいい匂いではありませんけれども、国によってはそれを食べているところがある。これも食用になる植物であります。

こういうように注意して見ますと、食用になる植物はずいぶんあります。そんなものを放って捨ておくのは惜しいから、採ってきて食べるといいのだが、外聞を憚ってそうせぬ人も多かろう。あそこの家は貧乏だからしじゅう野の草を採ってきて食べ、野菜はよう買わぬなどといわれる。それに閉口して採りに行かぬ（笑声）人がないとも限らぬ。ありそうなことです。そんなばからしいことにとんちゃくなく、いろいろなものを採ってきて食う勇気を出してもらいたいもんだ。そこで、お母さんがいろいろ植物の知識を持っていて、それを食膳にのぼらせたときに、わが子供へいろいろな話を通俗的に聞かせて、子供に食べさせることにしますと、その子供は家庭でいろいろな知識を得るということになり、学校に行ったときに非常に都合のいいことになる。私らはそういうお母さんが欲しいと思っている。ただそういうような植物ばかりでなく、コーヒーでも紅茶でもあるいはココアのようなものでも、子供に飲ませるときに、コーヒーというものはどこに産するもので、どういうふうにしてこしらえるとか、コーヒーの実は生のときはこうだとか、あるいは初めてトルコのコンスタンチノープルという街にコーヒー店ができて非常にはやったというようなことを話しますと、子供さんの知識もふえてくる。子供というものは、それからそれへと聴きたがるものですから、そういうふうにすると、非常に教育上うまくゆきはせぬかと思う。

ある薬学専門学校かどこかで植物の漢名の本を出した。私も一部貰ったが、あれには漢名と漢字名というものをごっちゃまぜにしている。なんでも漢字で書いたものなら漢名だと思っている。漢名というものは山茶とか、瑞香とか、水仙とか、忍冬とか、交譲木とか書いたのが漢名すなわち支那名である。ユズリハを譲葉と書くのは漢字名であって漢名ではない。これを間違えて、日本では玉石混淆し、味噌も糞もいっしょにしている。それは人を迷わして都合が悪い。それをまず訂正して、漢名と漢字名とをハッキリさせていただきたい。世間ではいろいろ混同して用いている。しじゅう専門にやっている人はその区別が分かるけれども、ふつうの人には分からぬ。譲葉と書いても漢名だと思っている。いろいろ混雑を起こしてくるから、ぜひとも漢名と漢字名とをハッキリ区別させておかぬといかぬと思う。

しかし現代日本のことばは漢字仮名混用でありますから、これは両方まぜて用いても不都合はないけれども、日本の植物の名は、特に必要な場合は別として、ふつうには漢字名も漢名も用いずそれを仮名で書くことにしたらよかろうと思う。私は明治二十年頃からそういう主張で植物の科名も仮名で用いることにした。私は日本の植物の名は全部仮名で書くのがいいと思う。

それからちょっと横道へ入りますが、今日問題になっているローマ字なんかにしても、私は日本式のローマ字は非常に嫌いだ。こんなことをする必要は少しもない。元来ローマ字というものは日本のことばを世話なしに西洋人に読ますに便利だということに出発している。西洋人がなかったらそんなものは必要はない。日本人ばかりならローマ字の心配はいらぬわけである。西洋人が対象だからローマ字がいるということになるが、そんなことは西洋人にまかせておけばよろしい。日本人が西洋人に向かって日本式に書けなどと指図する必要は少しもない。向うの人がイチゴ（苺）をIchigoと書いてイチゴということが分かるといえば、それを日本人がちっとも干渉する必要はない。向うにまかせておけばいい。ヘボン式にチをChiと書いて西洋人がわかるわかるといえばそれでいい。従来なんの不都合なしに多年それで通っているのに、今にわかにそれを日本式にtiと書けと強要する必要は少しもない。これは平地に波を上げるようなものだ。私は文部省や陸軍省が日本式ローマ字を許して採用するのはけしからぬことと思う。私が文部大臣だったらそれを許しはしませんね。日本式にtiと書いても純粋の日本音チは出てこない。かえってChiのほうがチに近い。そういうわけだからあんなものは西洋人にまかせておけばいい。日本人がちょっかいを出す必要はまったくない。これが反対に、もし西洋人が日本の仮名の書き方が悪いといえばだれも承知しますまい。それと同じように向うのことばだから向うにまかせておけばいい。日本人がなんとかかんとかいうのはよけいなことだ。外務省はあれを変えたら国際間に非常に面倒だから賛成しない。あれを変えたらたちまち混雑を起こすようになる。例えばChishimaと書くのも変えなければならぬ。Kagoshimaと書くときも変えなければならぬ。非常に不便が起こる。いろいろもん着が起こらぬとも限らぬ。なぜそんなばからしいことをする必要があるか。私にはどうもその心理状態が分からぬ。私はローマ字に対してはそういう意見をもっております。

余談が長くなったが、とにかく食用植物に注意を願いたい。それは世の中のためでもあり、また家庭のためでもある。食物のことは主に女の受持ちのようになっておれども、男の人も家庭の人ですから、これに協力していろいろ世話すべきであると思う。

今ちょっと摘み草のことを述べてみますと、私はこれを今日よりはもっと意義のあるようにしたらよいと思う。日本には食用になる植物がはなはだ多い。野に行くと摘んできてよいものがたくさんある。摘み草に行くときは指導者があって、そういう方面のことに明るい人といっしょに行けば大いに能率があがる。学校の先生のような人を頼んでいっしょに連れて行ってもらって、いろいろなものを教えてもらうと非常によかろうと思う。そうすると、月並的に採るモチクサ、ツクシ、タンポポ、セリなどのほかに、いろいろな草が採れる。春、土手にたくさん出ているワスレグサの三、四寸ぐらいの芽立ちを採ってきて、ヌタあえにして食べるとそれはとてもうまいものです。それを食ったときの感じは、なぜこういううまいものを畠に作らぬかと思うほどうまい。知っている人といっしょに行かないと、たいていツクシを摘むとか、モチクサを採ってくるくらいで、採ってくるものが限られているから興味も薄く、獲物も少ない。野には多くの草があるからもっといろいろなものを採ってくることにすれば、ずっと面白いことと思う。

それからこんなときに分かりやすい手引きになるような本ができていれば道しるべになるのだ

が、このような食物になる植物だけを集めて書いた本が一つもない。名称と形状となどを知る本ならば誠文堂発行の原色野外植物図譜があるから、この本で見たらよいでしょう。そうしてそこらにたくさん生えている食用になる草、あるいは木の芽を摘んでくるようにすればお惣菜の一つになるわけでありますから、非常に趣味が湧くわけなんです。

もう一つ私の残念に思うことは春の七草です。秋の七草は観賞用の植物ですが、春の七草は食用の植物である。ところが正しい春の七草を揃えて味わった人はほとんどないでしょう。今は亡くなられたが成蹊学園を経営された中村春二先生がご病気になられた時に、私は正しい七草を揃えて籠に入れ名をつけて先生に贈った。先生は、二、三日の間それを床に置いてながめ楽しんで、そうして七草の日が来たのでそれをお粥の中に入れて食べられた。先生は生まれて初めて七種揃うた七草を食べることができたといって、たいへん喜んでお手紙をいただいたことがありましたが、私は日本国中の人にというと少し広いが、少なくとも東京の人に本当の七草を揃えて食べさせる方法はないかということを考えています。それについて一つ案がある。それはデパートでも、また八百屋でもいいが、ちゃんと七つ品の揃った七草を売るといい。七草の材料を採ってきて直径五寸くらいの手のついたサッパリした雅美な上品な籠に盛り、その七草へ各名札をつけ、そして七草の歌「芹なずな御形(おぎょう)はこべら仏の座すずなすずしろこれや七草」というのを短冊に優美な字で書いてその籠に結びつけ、別に七草のいわれやその着色図を書いた一枚摺りの紙を添え、それを売るんですね。デパートかどこかで、七草の二、三日前に売り出す。一籠十銭くらいで売り出すという習慣になったら、みんな買いに行くだろうと思う。そうすればまた七草というものがみんなに徹底することになりはせぬかと思う。

その七草を採りに行くのにどこに行ったら一番よいかというと、武蔵野はなお寒くて仕方がないが、相州逗子から鎌倉方面に出動すると、なにもかも揃うて得られる。それは土地が暖かいので早く生えているからである。

それから、おそれ多くも宮中の七草はいったいどこから差し上げているものか、どんなものを差し上げているかということを私は知りたい一つなんです。宮中のことでありますからきっと七草を揃えることになっていると思いますが、七草は従来のとおりやると誤りができるのです。従来の七草には間違ったのがある。それを私らは研究しておいたが、仏の座というのはじつはほんとうの仏の座が用いられていなく、別の誤った仏の座が用いられている。これはぜひとも正しい品を用いねばならぬ。七草だけでもその草にはなかなかいろいろな事柄を含んでいる。御形(おぎょう)というのはどういう意味でそういうか分からぬが、これはハハコグサといっているものである。ハハコグサというのは発音的に書けばホーコグサというのがほんとうである。現に農夫はホーコといっている。このホーコといっている語原がどこから出たものかそれが分からぬ。あるいは古く支那の蓬蒿という名前からでも来たものかも知れぬが、これはなお研究を要する。ホーコを仮名で書くとハハコとなるので、そこでこの草を母子草と書くようになってそれをハハコグサと呼んでいるが、これは文徳実録という本が基となっている。同書によると、あるとき民間での謡を聞くと、ことしの三月には餅へ入れるハハコグサがないという意味の謡であって、それがどこからとなくはやってきた。それを識者が聞いて、どうもあの謡はいい謡じゃない、なにか世の中に変わったことがなければいいがと心配しつつ評し合っていたところが、果してその時の皇太后がおかくれになり、少し経つとまたその時の天皇がおかくれになった。母と子が亡くなったということになり、初めて世の中に自然に流布した謡はこういう変わったことのあるまえぶれをなしたものであったということが書いてある。そこでこの因縁話からホーコがハハコとなり、ハハコグサ（母子草）となったわけだ。そしてこの母子草の名は文徳実録から前にはなかった。この草をハハコグサ（母子草）というのはいかぬというわけは、右の文徳実録を書いた歴史家がいいかげんに作った名であるからである。すなわちこの草は本当はホーコ（ホウコ）というのが正しいのだとは私の意見です。いろいろの学者は母子草は文徳実録が基だと言っているところを見ても、その名がこの書物以前にはなかったことが想像せられる。ゆえにこれはどうしてもハハコグサ（母子草）といわずに発音ホーコグサというのが本当の名であると信じます。この草は田の縁などに行くとたくさんある。黄色い小さい花が咲く。そのぶつぶつした花が糀に似ている。黄色い糀に似ている。それで支那では鼠麹草（ソキクソウ）といい、わが邦ではところによるとコージバナと呼んでいる。このホーコグサの黄色い花を支那人が染料に使う。それを前に言ったカンポウフウの欅の皮といっしょに煮出して衣を黄色に染める。日本ではそんなことはしないが支那ではそうすると書物に出ている。右のようなわけで、七草でもその中に含まれたいろいろの事柄を知っていると非常に面白い。単に食べるばかりでなく興味がある。

それからスズナ、スズシロにしてもふつうは蕪、大根といっているが、七草のときはスズナ、スズシロといわぬといかぬという習慣である。スズナは蕪をいい、スズシロは大根をいう。ところが「スズ」というのが面白い。スズナのスズの意味とスズシロのスズの意味とは違う。スズシロというときは清らかな白いという意味で、スズナというときは小さいという意味で小蕪を用いる。そういう事柄を聞いても趣味が出る。

趣味の話ですけれども、人間の一生涯は長いでしょう。その一生涯の長い間に、植物に趣味を持つくらい得なものはない。私が植物学者だからいうじゃないが、植物はどこにでもあり、いつでもある。それに趣味を持つということは、例えば芝居の好きな人が芝居を見、浄瑠璃の好きな人が浄瑠璃を聴いて面白いのと同じことで、植物に趣味があれば植物を見るのが非常に楽しい。好きさえすれば楽しみの分量はどれでも同じことである。その愉快を年中続けるということはこんな結構なことはない。人間はやはり愉快なということが続くのがいちばんいい（笑声）。心も平らに穏やかになる。怒ることも少ない。植物に趣味を持つと気持が和やかになる。人間は喧嘩せずして和しているのが、人との交際上いちばんいいことですな。

それから植物はいやな思いをすることがない。動物はいやな思いをすることがある、例えば犬が糞をすればいやな思いをするでしょう。植物はいつも清らかな様をしている。こういう家の周りにも木を植えてある。鳥や犬や猫は飼ってないが植物は植えてある。それを見ても植物のいいことが分かる。赤、紫、黄、白などの色の花を見たならばだれだって悪い思いはしない。いい思いこそするけれども悪い思いはしないので情操を養うことにもたいへんに役立つ。

そうして植物に親しむと非常に身体が健康になる。しじゅう外に出ると日光浴ができ、清らかな空気が吸われ、また運動が足りて、したがって血行が良くなり、血色も良くなる。人間は青い顔をしているというのではいかぬ。いつも生気に満ちた体になっていなければならぬ。それには新陳代謝の機能が良くなければならぬ。それにはどうしても植物に趣味をもってときどき外に出で、運動が足ればよい。毎朝顔を洗うときに湯を使わずに水でやると血行もよくなり、新陳代謝の働きも強くなって、したがって顔色に生気を帯びてくる。

支那人は、憂いごとがあったときはこの花を見よといって、前にお話したワスレグサを家の庭に植えておいてそれを眺める。そうすると憂いが解けるといっている。なにもこれはこの花に限ったことはなく、美麗な花なればなんでもよろしい。植物に趣味があれば心配のあるとき、あるいは気の浮かぬときは草木の花を眺むればよい。この無邪気な綺麗な花に対すれば憂い顔もたちまち笑顔となるであろう。どうかみなさんは植物に趣味を持っていただきたい。しかしそうなる根本は植物を知っておらなければならぬから、どうか植物に注意していただきたいということをお願いする次第です。

まことにはや脱線続きでございまして、食用の方の話はいつの間にか消し飛んでお留守になってしまい、どうもあい済みませんでした。それではこれでおいとま申します。

（昭和十九年発行『続植物記』より）

染料植物について

私は染料植物について特別に研究したことはありません。ただ植物が私の専門になっているものですから、いろいろの植物を研究している間に、染料になるものも入っているという程度でございます。それゆえに今日この壇上に立っても特に諸君のご参考になるようなことはないかも存じませんけれども、枯木も山の賑わいぐらいのところにおぼしめし下さったらちょうどよかろうと思います。

染料植物についてお話する前に、これに関連して私が平素考えていることを述べさせていただきます。

私は工業の方はいっこう不案内ですが、染料というものは単に趣味のみに止まって、各種の色に染まるというのみではいっこう仕方のない話で、実用にしなければなにもならんと思います。実用させるには、いろいろな植物で染めたところのあらゆる染物を大いに世の中に供給する一方、やはり店屋の看板と同じような具合にこれを世間に見せびらかして、これに対する趣味嗜好を喚起せねば、だれも知らずにいるから用いる人もないというわけで、どうしても見せびらかすということが必要であります。それには工業試験所というようなところとか、また民間で一つの商売としていろいろな原料を用いて染めてそれを世の中に出す。そして今はデパートとかその他ああいう便利なところもあって、着物をこしらえたり、あるいは染めたままで出して一般の人に見せびらかす機関はずいぶんよく備わっているわけでありますから、そういうところに出し、なるべく注意をひかして、そしてみなに買ってもらって着物ならば着てもらうように努力しないとなんにもならんことじゃないかと私は思います。例えば、人形のようなものに着せてみたり、この方面に心得のある人はいろいろ効能を述べたてたり、工芸の方の知識ある人にはいっそうの関心を持ってもらったりして、とにかく大いに世の中に吹聴するような策をいろいろ採ってやりましたならば、西洋の染料はこれまでにいろいろ入って、もうわれわれの目にもずいぶん慣れているから、それの反動もあろうし、趣味嗜好から言ってこの方が面白いというようなわけで、そんなことからだんだんさかんになりはしないかと思うのです。そういうように実行に移すことがまずなによりも必要だと思います。実行に移せば、だいぶ面白い結果が出てきて、製造者も相当に利益を得るということになる。算盤が採れなければ製造者はいっこう手を出さぬ。だから手を出してもらうには算盤が採れるようにせねばならぬ。なおそういうことを勢いよくするには、それを鼓吹する機関がいろいろあっていいわけです。まず東京でいえば、林業試験場などは園が広いから、そういうところに、今まで用いている染料植物、およびこれは染料植物になりはせんかという見込みのあるものを植えて、世人の注意を喚起することも必要ではないかと思います。小石川の植物園とか大学の一部で植えてあるとしても、申し訳に植えてあるくらいのもので、それに積極的に努力しているということもないので、品が減ることはあっても、殖えはしなく、それもいっこうに注意をひかない。そういうわけであるからもっと活動するところの園にそういうものを植えて、新聞や雑誌を利用して、こういうものが作ってあるから見に来いといって世人になにか見せるということにすると、そういう方に自然に注意を向けることもできて、中には研究してみようという人もできるのですから、右のような園は大いに意義があるだろうと思います。そうして現在用いている染料植物ばかりでなく、他にも染物原料になるというものがいくらもありはせぬかと思う。また同じ属のものならば同じ色素を持っていて、これも染物になるということもあろうし、またこれまで習慣的に用いておったものよりは、もう少し優等の原料も見つかるだろうと思います。そういうこともあって、研究の余地はずいぶんあるわけです。それを実行に移すということを私ども大いに希望します。そうして熱帯などにあるいろいろなものは、温室でないと作れませぬから、そういうものは第二段としておいて、なるべく国内にあるものを主としてやることにしたらどうかと思います。

今は植物の研究者がずいぶんたくさんできておりますが、日本ではエコノミカルの有用植物の学者はほとんどない。私は大学にいるので大学の気風を知っておりますが、あそこは純植物学を主に研究するところである。その研究は純であるが、卒業した後にはエコノミカル・プランツの方の研究をしてみたらどうか。自分の経済上からいっても国家の経済上からいっても、学校の先生などをしてわずかな給料を貰うよりは、非常に利益であるからその方に奮発せよということを常に私は話しておりますけれども、どうも教室の気風にとらわれて、そういうエコノミカルの方に行くことをあまり好みません。古いお方はご承知でしょうが、斉藤賢道君、今は京都の方におられますが、斉藤君が日本の繊維植物、および染色の方も少しやられたように思っております。ああいうようにやられる学者がわれわれの間にもたくさん出てくると非常に都合がよいのですが、どうも出ない。その他の学部からでも、農科のようなところでも有用植物の専門家がほとんどない。したがって日本では役立つ有用植物の本が寥々である。今日のように工業が勃興してきて、国家的に大切ないろいろな工業に手を出したいという人があっても、その参考とする完全な有用植物の本がないからずいぶん不自由ではないかと思う。こんなことを言えば、しからばお前がそれをこしらえたらどうかと言われるかもしれませんが、どうも専門の研究の部門がいろいろあるものですからなかなかそういうところまで手が出ないでいる。現在日本に有用植物の学者がいないということは、日本の国のために残念であり、ことに今日の非常時において痛感いたします。もうとうに故人になられましたが、この山林会あるいは農会などに非常に関係の深かった田中芳男先生には私もたいへんお世話になりました。田中先生は有用植物のことに非常に重きをおかれて、殖産興業の上に非常な功績を残された。ああいう識見抱負を持った人が今日の知識を抱いて現代に出よということを、私は始終こい願っているのですが、不幸にしてそういう人が見付からぬのはじつに残念です。田中先生は後にはその功績によって、貴族院議員にもなられ、男爵をも授けられて国家から酬いられた人であります。これは至当な話であって、私は前に慶応義塾の演説会のときに公然とこういうことを述べた。それは、伊藤圭介先生というのは、田中先生の国家に対する功績と比べるとたいへんな違いであるから、伊藤先生を男爵にするならば田中先生は伯爵にしてよいと言ったのですが、それほどの偉いお方でありました。もちろん今の新知識から見ればその知識は遅れておられたけれども、それは時代の違いで仕方がない。とにかくこういう人が現在にたくさんいると、工業方面に関する植物の研究が大いに発達するのではないかと思います。

なお余談にわたりますが、今日のようなときにことに痛切に感ずることは、そういう方面の参考材料、例えばこの染料にするいろいろな材料を陳列してある参考館というものが日本には一つもない。それはひっきょう日本にほんとうの博物館がないからです。ほんとうの博物館を日本に造る責任を、われわれだけでなく、有力な方々が感じなければならんわけですが、どうもそれが徹底していない。今のような国家に金のいる時節になってなおさら実現せずにいるけれども、これは日本にとって非常な不幸です。その博物館があれば、そういう原料がずっと揃っており、また工業原料についてなにか相談しなければならんことがあれば、その博物館に行けばたちどころに工業者が利便を得るということになって、日本の工業が一層発達する。これはいくら金がかかっても日本国策の一つとして打ち立てなければいかぬと思う。ことに将来日本が国際的に万一孤立するような場合を考えると、どうしてもこういう機関が必要になってくる。現在ある科学博物館などはちっぽけなもので、あんなわずかな費用では手も足も出ない。あれは教育機関としておいておけばよい。あれがあるからといって日本に博物館があるとは言えない。またある博物館は美術や工芸の点においては国の飾りになってはいるだろうが、現今の科学的進歩にはほとんど役に立たない。仏像などをたくさん並べてみたところで、それで戦争ができるわけでもなし、われわれの生活が改善せられるわけでもない。

大いに脱線してすみませんでしたが、私はふだんそういう考えを持っている。しかし私は無官の大夫で、そういうことを口には言えても、実行はできない。上のようなわけですから染料のごときも一日も早く実行に移さなければいかぬと思います。

染料植物といってもなかなかたくさんあります。これをいちいちここにあげることもできませんから、その一部分について申し上げます。

藍という字は、今では誰でも、染料の原料にするアイだと思っているし、またそういう習慣になっているからむりもないが、じつは藍という字は、アイの専有し得る名ではない。植物から採った材料、つまりインディゴ、あんなものを藍というのであって、植物の名ではない。ああいうものの採れる植物がいくつもあるので、上に形容詞をつけて植物の名として呼ぶわけです。日本でアイといっているものは蓼藍と書かなければアイにならぬ。アイは蓼の一種類です。蓼藍は日本ではずいぶん遠い昔に入ったもので、元来は日本の植物ではない。それではどこの植物かと言えば、支那の南方の安南とか交趾支那あたりが原産地である。その学問上の名は Polygonum tinctorum Lour. という植物であります。

これは日本で重要な植物であった。この頃は外国から染料がたくさん来て、前に比べればアイを作ることが少なくなっておりますが、徳島県などがアイの名産地で、吉野川の沿岸にアイをたくさん作っておった。葉が丸いのがあったり長いのがあったり、あるいは水のない所に作るのがあったり水のある所に作るものができたりして、工業のうえからはどういうものがよいという優劣があるでしょうが、とにかく、そういうようにいろいろな変り品ができた。そしてこれを日本でさかんに用いた。

それから藍の中に菘藍という種類がある。これは染めた後の色はどういうものか私は知らない。したがって工業的に価値があるかないか存じませんが、支那ではもっぱら作っておって、たいへん実用に使っている。日本では実用に作ったことは一つもないと思います。菘(トウナ)というのはこの頃ある白菜です。色が白いから白菜と言う。この頃結球白菜などと言うてきているのは菘の非常に改良された種類です。昔はああいう種類ではなかった。初めは支那でも、日本の小松菜のようにふつうの菜っ葉であった。ところが葉柄がだいぶ大きい。支那人は作るのがなかなか上手ですから、葉柄の平たいものをだんだん作って、ついに今日の結球白菜のようなものができたわけです。

徳川時代に、まだ今のように白菜にならん前のものが長崎に来て、それが日本に拡まったのですが、それをその当時の日本人は、支那から来た菜というので唐菜と言っていた。それで菘は、よく書物にトウナと仮名が振ってありますが、それがほんとうです。昔来た唐菜は今ではどうなったか、だんだん変わって、最初の形のものはまったく日本にないと言ってもいいほどになっている。蓼藍は蓼科に属するものですが、菘藍は大根や蕪のようなものと同じ十字花科に属し、葉がまったく違い、蕪の葉のような形をしている。日本には享保年間に初めて支那から来たのですが、支那に頼んだところ二ヵ所から来た。アイの原料植物として蓼藍と菘藍の二つが来た。それは蓼藍の方を浙江大青という名で、菘藍の方は江南大青という名でよこしたが、日本では江南大青を実用に用いずに、本草などをやっている人が、珍しいというので単に花草のように作っておった。そのために実用の方に拡まらずに終わった。私がここに持ってきたのは本草図譜という本ですが、これには江南大青の絵が載っている。蕪のように黄色い花が咲く。これを大青と書いたので日本では単に大青という名で呼んできた。徳川時代に観賞用として作って、明治の初め頃まではあったようですが、種が絶えてしまって今日では日本にない。この学名は Isatis indigotica Fortune

といい、藍が採れるのでインディゴチカ、そうしてフォーチューンという支那のことを研究した人がこの名を付けた。このフォーチューンの書いたものによると、その時分支那人に聞いたら、この名前を Tein-ching と言ったということが書いてある。これを漢字に当てると靛青だろうと思う。これは支那では北支那や上海付近の大面積の土地に作って、六月頃に相当に生長するので、まだ花の咲かない前に葉を採って、それで藍玉を造って染料にするということになっている。そういうふうに支那では菘藍を実用に使ったものでありますが、日本ではそういうところまで進展しなかった。

ところが面白いことには Isatis tinctoria というヨーロッパの種類がある。これは大青に比べると少し小柄です。それで日本人がホソバタイセイと名づけた。北海道は前に牧草を入れたりしたのでそのときに西洋の種が入って、それが北海道の海岸に野生した。今はどうか知りませんが前にはあった。それを間違えて認識して Isatis indigotica と言い、支那から来た大青を Isatis tinctoria だと思っている人がある。そこで和名の方で面白い名が生じているのは、tinctoria の方をマタイセイと言っている。マタイセイというのは真の大青ということです。つまり Isatis tinctoria も藍が採れるので、支那から来た大青と一緒のものと思ってマタイセイなどという馬鹿げた名前を付けたわけであります。それで Isatis tinctoria と大青とは、属は同じであるけれども、まったく別のもので、真大青どころではなく、にせ大青である。ニセタイセイならば聞こえるけれども、マタイセイではしかたがない。

江南大青、すなわち Isatis indigotica が藍として非常に値打ちがあるならば、支那からじかに取り寄せられる。これは種で播く越年生の植物で蕪大根と同じです。秋に播く。そうするとたくさん生えるから、種を大いに取り寄せて日本で作って藍の原料にすればいいわけです。しかし藍として使った色の具合、揚げその他どうであるかは私は知りません。

まず東洋の藍としては蓼藍と菘藍が両方の大関みたようなものです。和名としては、昔は単にアイとは言わなかった。蓼藍を訳したのでしょうがタデアイと言っておった。しかしタデアイでは長いので、いつのまにかアイと短くなった。そういう例は他にもたくさんある。

それからいま一つ Isatis japonica という学名がある。これは、日本に来た人ではないけれども、オランダのミケルという人が付けた名です。それはじつは indigotica という名のあることを知らずに付けたが、Isatis japonica と Isatis indigotica とは同じものです。

それから日本で現在用いているアイにリュウキュウアイというのがあります。これは今まで述べたものとは非常に科の違ったものです。これは西洋の本に書いてある図ですが、こんな綺麗な花が咲く。琉球でも花はあまり咲かんようですが、咲くとこんな綺麗な花が開く。植物学上ではキツネノマゴ科である。ところがよくこれまでの本にヤマアイと書いてあったので、日本のヤマアイと間違って混同した記事をよく見る。だからこの頃は私らは、ヤマアイという言葉を用いずに、この植物をリュウキュウアイと申しております。そうするとはっきりする。私は琉球にはまだ行きませんから分かりませんが、先年南九州を旅行したとき、大隅の鹿児島湾に面した伊坐敷の北の方の所を海岸伝いに歩いていると、山裾の際にヤマアイがたくさん生えていた。あのへんのは昔から野生であるが別に採って利用することはない。琉球辺のものがあの辺に来てだんだん繁殖したものかどうかよく分かりませんが、とにかく大隅や琉球に行けばこの植物は得られる。学名は Strobilanthes flaccidifolius Nees というが、「軟らかい葉」という名が付いており葉も茎も軟らかい。これがリュウキュウアイです。不案内ですから断言はできませんが、琉球ではたぶんこれを利用しておりましょう。

李時珍という支那の学者が、藍には五種類あるということを書いている。それは蓼藍・菘藍・馬藍・呉藍・木藍の五つのことです。これを今日の知識でできるだけ研究してみると、蓼藍はふつうのアイです。菘藍は大藍ともいって、前に述べた大青のことであります。馬藍は菘藍と同じものらしい。呉藍というのは、支那人が何を言ったのか分からぬ。木藍というのは、日本にはないが、荳科のもので、Indigofera tinctoria という植物です。日本で野外に出るとコマツナギという植物がいくらもありますが、あれに非常に似ている。すなわちこの図が本当の Indigofera tinctoria です。灌木のようになっているから木藍という。木藍は漢名です。これを日本の植物学者はキアイとか、あるいは荳科の類なのでマメアイともいっている。初めは、日本のコマツナギも木藍と同じ種類だから、このコマツナギから藍分が採れると思っていたところが、コマツナギには藍分がない。なぜコマツナギというかと言えば、他には能のない植物ですが、強いので馬をつないでおいても引き抜いていくことができぬ。夏暑いときに桃色の花が咲く。これは木藍と兄弟同士ではあるが、木藍とは違う。木藍は日本にはない。けれども台湾あたりには植えているかもしれません。植物をボーッと見ていると、一つのものの中にいくつもの種類が入っていることがずいぶんある。きっとこの木藍の中には、Indigofera tinctoria と、もう一つは Indigofera anil というのが入っておりはせんかと想像します。anil は木藍と非常に似た兄弟同士です。この tinctoria の方は実がまっすぐですが、anil の方は実がゆがんでいる。台湾には私には一ぺん行っただけでその後行きませんからよく存じませんが、tinctoria も anil も作っているだろうと思います。ともに葉を採って醗酵させて藍の原料を造る。Indigofera tinctoria は熱帯地に広く分布する種類ですから、広東一帯にはこの木藍をたくさん作っているのではないかと思います。

次はアカネです。根が赤いのでアカネという名が出た。アカネで染めたものが陳列してありますからどうぞご覧下さい。これが茜染めです。仮にこれを着物と羽織にして町を歩くとたいへん損する。紫もそうです。秋田県の花輪という所の紺屋さんに私が紫染を頼んで、染賃や地代ともその時分の値段で六十円か払いました。それを娘の着物にしてやった。ところがそれを着て町に出ると、外国染料で染めた紫は色が鮮かですが、本当の紫は色が曇っているので、あまり佳いものを着ているように見えない。実際はなかなか凝ったもので、見る人が見れば真価が分かるが、ふつうの人には分からないから、ちょっと損するところがある。古代の紫根染めの知識が足りない。まあ他人（ひと）が見てくれようがくれまいが自分さえ承知なればいいわけです。茜染めもそうですがこれを見ると、まるで紅（もみ）の色に染めたようなもので、少しオレンジがかっている。これに他の色を加味すれば赤いものができる。私どもの子供の時分には蚊帳の緑に赤い木綿が付いておりましたが、あれを俗に茜の木綿と言っておった。あれは本当の茜ではない。スオウの煮出した汁で屍などが赤く染めてありますが、あのスオウで染めた木綿布をその時分はスオウとはいわずに茜染めと言っておった。だから私どもも小さいときには、茜染めというのはあんな赤いものだと思っておったところが、あにはからんや、こういう色をしている。これでごらんのとおり茜の染物はことごとく絞りです。紫根染めもことごとく絞りです。もっと研究したらこれに模様をおくことができるかもしれんが、今のところでは絞りにするよりほか仕方がないのであろうと思います。

これを染めるには、私はくわしいことは知りませんが、紫根……といってもムラサキの根の皮が非常に染料を持っている、その汁を一つ作り、別に灰汁（あく）を作る。東北地方ではサワフタギという木を灰として用いる。どういうわけでそういう木を選んだものか分かりませんが、きっとあれは昔京都辺で紫を染めるときにはサワフタギは用いないで、灰の木というものがある、焼くと灰がよけい出るからそう言うのですが、その灰の木というのは植物学者が今言っているハイノキじゃない。昔の灰の木を今日の植物学者はトチシバとかクロバイとか言っている。昔の人は、日本にない山礬（さんばん）という植物をこのクロバイだと思っておった。だから書物には山礬をクロバイとかトチシバなどと書いてあるけれども、それは間違っている。とにかくトチシバを灰の木といっておったので、それで灰に用いておったのではないかと思いますが、その灰汁のぐあいによって色が違うようなことがないとも限らん。それは染料を専門にやっている人はよく解っているでしょう。ところで面白いことには、京都辺で用いるクロバイも、東北地方でのサワフタギも、同属でSymplocos です。だから Symplocos に属するものは灰として何か特別にいいことがあるのではないかと思う。その灰汁の中に布を入れ、今度は紫の汁の中に布を入れる。それを引き上げて乾かして、また灰汁の中に入れる。それを上げて乾かして紫の汁の方にまた入れる。両方に何度もやっている間に色がだんだん濃くなって、こういうふうに染まる。非常に時間のかかるもので、上等に染めるにはほとんど一年ぐらいを費やすと言っておりました。だからこういう絞りならば、漬けるだけですからよいわけでしょう。今のところはまだできませんがこれに模様がおけるように工夫すれば面白いものができるわけです。そういうことは今日の知識で研究すればできないことはないと思う。茜も同様で、漬けるものですから絞りだけです。しかし絞りもなかなか雅味のあるもので、それだけでもなかなか面白い。

この紫というものは誰も注意をひくものです。この染物をうんと作って出そうと思うならば、やり方によってなんでもない。しかし今は原料を天然のままにしてあるから、まず原料を得るのに厄介ではないかと思う。そこでナンブムラサキ、これは昔南部といった盛岡付近から出るムラサキだからナンブムラサキというのですが、あの辺は山に原料がたくさんあるものとみえる。私が花輪で聞いたところでは、花輪の紺屋さんは原料を岩手県から仕入れるということでした。秋田県にはその原料が絶対にないかどうかそれは分かりませんが、ともかく少ない。秋田一帯は火山が噴出してそこを覆うた土地らしい。それであの辺は新しい土地であるから、植物が比較的、盛岡方面に比べると、単純でかつ種類が少ない。そういうわけで、ムラサキの原料植物が秋田県の方には少ないらしい。ムラサキは東京付近にも少しはある。例えば、高尾山の山脈とか、軽井沢の山地、籠坂峠あたりにある。だからムラサキは探し廻れば方々にある。あれを移植すればまことによくついて花が咲いて実ができる。その実を取って畑に播くと原料はたくさん得られる。昔はそうしたものです。天然の原料ばかりでは足りないので、やはり播いて生やして用いた。あれは注意して播けばいくらでも生えてくる。百本や二百本のムラサキを作るのはなんでもない。「むらさきの一本（ひともと）故に武蔵野の草は皆がら憐れとぞ見る」という歌があります。これはムラサキが一本あるために草が皆なつかしいというのですが、今日はムラサキは武蔵野にめったにない。へんぴなところにはあるがちょっと行ってもなかなかない。昔たくさんあったものかどうかも怪しい。

とにかくムラサキは武蔵野と関係はある。そういう関係のある草だから花が咲いたらさぞゆかしい花だろうとだれでも想像するけれども、花が咲くと意外でまるで雑草の花のようです。よくススキの間などに生えておって、二尺くらいの高さになって枝を分かって、白い花がポツポツと咲いているところは、少しは風情があるけれども、知らずにおれば雑草です。ムラサキは火山灰のたくさん積もったような所に非常によく根ができる。天然のものを採ろうと思えば骨が折れるが、作ろうと思えば世話はないから、そういうように作って紫染めを造れば比較的楽にできる。

ムラサキというのは日本ではただ一種しかない。支那で紫草といっているものは、ひょっとすると日本の紫草とは別のムラサキではないかとも思われるのは、支那の植物名実図考という本を見ると、まったく別の属のものを紫草と書いてある。だから支那には別のものがあるかも知れない。もっとも日本のムラサキと同じ種類のものが支那にも分布している。日本のムラサキはアメリカ辺にあるところのものと非常に似ている。だから学者によっては日本のをアメリカのものの変種にしている人もあるくらいです。

アカネは日本でもいろいろな種類があります。まずふつうのアカネ。そしてアカネムグラ、これはふつうアカネよりはもっと小さい形をしている。クルマバアカネ。オオクルマバアカネ。オオアカネ、これは深山などに行くと葉の大なものがある。アカネにもいろいろ種類があるから、初めに私が申したように一つの植物園を造って、そういういろいろの種類を植えて、その中でどれが染料として一番役立つかを研究してみなければ分からぬ。そうしてその中で例えば、オオアカネが茜染めにするにはいちばんよいということになれば、種はたくさん採れるから種を採って畑に繁殖させればいいわけです。その製品が収支相つぐなうようになればだれでもやる。もしそこに分類学者がいるとすれば、ムグラの類と大いに近いCalium の根はやはりアカネと同じように赤い色をしているから、この類も用いられはせぬかという予想がつきやすい。それだからいろいろの類似したものを取り寄せて植えておくと、その中で選り抜くということができる。西洋のアカネはRubia tinctoria といって、日本の植物園みたような所には植えているがふつうにはない。これも西洋では染料に使う植物です。それもこちらで大いに作って、日本にあるアカネと西洋のアカネとの優劣を比較して、なんでも優れたものを用いるようにしてゆけばよいわけであります。アカネは茜という字を書きますが、この字の音はセイではなくてセンでなければならぬ。

それからさきほど拝見した原料の中に刈安というのがありましたが、カリヤスというのはどれも禾本科植物です。日本でカリヤスというのは種類が三つある。まずコブナグサで染めるものをカリヤスという。なんでも八丈島の方ではコブナグサがカリヤスになっている。それから信州辺に行くと百姓などが家でカリヤスを染料に用いる。それはススキみたような大きな草です。山に行くと在るところにはたくさん生えている。それから西の方に行き土佐方面でカリヤスというのは違う。これは植物学上ではウンヌケモドキという。ウンヌケというのは三河にある。それはイヌノケが誤ってウンヌケとなった。毛がたくさんあってそれに似ているからウンヌケモドキという。ちょっと生長すると三尺くらいあります。やはりススキのような形で、上の穂が三つか四つくらいに分れている。それがやはり染料になる。こういうように三つある中でどれが一番よい染料が採れるかということを研究するのも必要だ。なおカリヤスという染料はただ三つしかないかというと決してそうではなかろうと思う。いったい禾本科はどんなものでも黄に染めることができる。そうして日本には禾本科植物はずいぶんたくさんあるから、さらにいろいろなものを選べばこれと匹敵する染料あるいはこれに優る染料が得られないものでもない。この意味においてカリヤスもまだ研究の余地がある。

どういうわけでカリヤスというかと言えば、ふつうは、あれはたくさん生えておって、刈るのに非常にらくで、すぐ刈り取ることができるからだというのですが、ちょっと簡単に納得できない語原です。ムギのことをムギヤスともいうから、ヤスというのがなにか別の意味かも知れませんが、私は語原学者ではないからよく分からん。

コブナグサの漢名として藎草と書いてありますが、これがたいへん間違っている。藎草というのはコブナグサではない。しからば何かと言うとチョウセンガリヤスです。これもカリヤスの名が付いているが、染料に用いるからではないかと思います。チョウセンガリヤスというのは、日本に限ったことはない。支那にもある。東洋の大陸から日本にかけてある禾本科の植物です。葉が小さい。それが藎草です。だから藎草はチョウセンガリヤスといわなければならない。そういうように昔の人は支那の名を非常に誤っている。その間違いを片っぱしからあげると何十もある。習慣になっているから仕方なしに用いてはいるけれども、だいぶ改めなければならない。

もう一つヤマアイ、これはよく山の樹下などにたくさん生えているものです。東京付近ではあえてどこにもありませんが、西南地方に行くとよくある。京都付近の山にも見られる。これは昔朝廷で大嘗会とかああいう儀式のあるときに奉仕する人が着る上衣に、この生の葉をすり付けて緑の色を出したものです。そんなことがあるためにこのヤマアイは、そういう方面では非常に有名な染料植物となっている。高さは二尺ぐらい、葉はモモの葉をもっと広くしたようなもので、それが対生して青々としている。割合に軟らかい草で、それにみすぼらしい花が春先に咲く。多年生の植物だから下の方も、無論冬も枯れずに残っているし、上の方もいつまでもよく残っている。なんだか神秘のありそうな草に見える。ヤマアイを押して乾かして標品にすると、葉が藍の葉のように黒ずんだ色になってしまう。それから茎は緑色で、根の方に近いところは薄緑です。それを押し葉にすると今度は、あまり濃くはないけれどもきれいな紫色になる。そういう色の変わるところを見ると、下の方にはいくぶんか紫の色分がありはしないかと思われる。斉藤賢道君がああいうものを研究していた時代に、ヤマアイには色分は少しもないものだと私に話したのを憶えているが、名はヤマアイというけれども、染料分はあまり採れないものらしい。採れてもごく些細なものかもしれませんが、あまり重要な植物ではないようだ。しかしこれはとにかく由緒のある植物です。山に行って採ってきて植えておくとよく繁殖する。

それから今は染料に用いないけれどもカキツバタ。これを昔染料に用いたことはカキツバタの名それ自身が現わしている。ぜんたいどういうわけでカキツバタというかと言えば、前の学者の研究によると、カキツケバナというものが縮まってカキツバタになった。あの汁を着物に摺り付けることをカキツケルという。摺ることをカクという。昔はカキツバタの花びらを取って、その汁を白い布に摺って染め、それを用いたらしい。だからやはり染料植物の一つに数えることができるわけです。

ついでに、ここに薯榔（クーロー）というものが出ておりますが、これは染料に有望なものであって、植物学上からいうとヤマイモとかツクネイモの属です。これは鉢の中に植えてあるから小さいのでしょうが、原産地の琉球の八重山あたりに行くと非常に繁茂して、イモも太くなっている。これは原料がたくさんいるということになれば、台湾とか琉球のような暖かいところに作ればいくらでもできる。どうも天然のものだけ用いると、分量が少ないから、作るより仕方がない。その作るので思い出したのは、大島紬が、その価格九十何円と書いてあるが、どうしてそんなに高くなるものですか、理由がちょっと分からぬ。地は絹を用いるし、染料はシャリンバイの皮である。シャリンバイが非常に乏しくなってこれが高くなるとすればもっとウント海岸に作ればいいし、大いに作って原料がよけい採れるようになれば、大島紬を安く供給することができはせぬかと思います。

カギカズラは茎に鉤(かぎ)ができるので、日本ではカギカズラ、支那では鉤藤といっております。しかし、もっとも正しくいうと、カギカズラには二種あって、よほど似てはいますが、日本のカギカズラと支那の鉤藤との二つになります。

それではズルズルと長く話してはなはだ恐縮のいたりでしたが、これで私の話を終わります。


（昭和十三年一月）

菊の話

きょうはなにかあなた方のために菊についての通俗なお話をするようにとのことでありましたのでこちらへ上がったしだいです。私はこちらの安井先生とは以前から御懇意に願っておりまして、ときどき大阪に参りましたときにはたいていお目にかかっております。そしてこの学校で菊をさかんに作っておられるということもかねてうけたまわっておりましたが、今日までこちらへは拝見に上がる機会がなかったのであります。きょうこのさかんな菊の会を拝見してまことに喜びに堪えない感じがいたします。学校でこういう風にたくさん菊を作ってこんなに立派に咲かすということは日本中どこを探してもないと思います。茨木高等女学校だけがその特権を持っておられるように思います。

菊を作るということはたいへん結構な花を選ばれたものです。まず第一に帝室の御紋章は菊であります。そういうことを連想されて皇室中心のことを忘れないというのは、これからさき国民にとってたいせつなことであります。日本は皇室が中心であります。皇室を中心として日本の独立を守ろうということを菊の花を眺めるたびに思いますことはわれわれの真心であります。次には菊花は他の植物と趣が違っていて花中が協同一致しております。なにごとも協力なしではことはなし遂げられないと先ほど校長先生が申されましたがこれは真理でありまして、その表象となるのがこの菊であります。こんな点から言ってこちらで菊をさかんにお作りになることに対して敬意を表し、また菊の花を愛することはこんな点から見てはなはだたいせつな意義があります。

なお菊の花を愛することはその他いろいろの点から言ってその品を選んだのにまことに当を得ていると思います。この花の色、形、姿等は千種万態で大小いろいろあるのは人の愛をひく素質であります。百花凋落して秋に咲く花がもう終りを告げてその後に咲き出す、つまり暑からず寒からず身体に適したときに咲き出ずるのも菊の愛せられる一つの美点であります。

立派に作ることは技巧を要しますが、元来菊は強い作りやすい植物で、作ろうと思えばだれにでも作ることができ、庭に植えたままで放っておいてもいつまでも根が残っていて年ごとに花が咲き、別に世話も要らないというようなことも、人々に多く作られる原因であります。なおまた菊は日本の気候に適しておりますので、日本の端々にまでも菊の花を見ないところはないというくらいに普及したということも人に好かれる一つの美点とも言えましょう。

そして菊はたいへんよい香を持っていること、また花が咲いてもいつまでも咲いている、終日連日咲くというようないろいろの点において人に愛せられます。その中で最も意義のあるのは協同一致している花であるということであります。

どんな人でもよく万々歳ということを申しますが、それはいついつまでも永く人間が絶えず、永久に地球のあらんかぎり生きているということであります。君が代もそうである。君が代はさざれ石の苔のむすまでではいけない。むしてさらにもっともっと無限に続くのであります。生物はみな自分の種属、いわゆる系統を永く続かせることに最も努力しています。これは植物も動物も同じでありまして、この自分の仲間をふやしてその種属を最も永く続かせるのに都合よくできているものほど、高等であり進歩しているということになるわけでありますから、こういう点から菊の花を見ますとその種属を増すのに一番都合よくできているのであります。

これは人間でもその目的とするところは同じでありまして、私どもはこの永く続いてゆく系統のほんのわずかでありますが中継ぎをするためにこの世の中に生まれて来たのであります。今校長先生のお話では私を七十六と申されましたがもう少々若くて私は七十五であります。私はもはや中継ぎの役目を果たした。というのは、私は十三人も子供を作りその中には死んだものもありますが、今では六人だけ残っております。そしてその六人もこの役は勤めている。もうこの後五年か十年か十五年のうちに、私どもは役目を勤めた名誉を負って天国へ行くということになります。その六人がまた次々と後継ぎを作って孫、ひまごという順に継いでゆく。これが人間の本当の務めでありますが、こういうたいせつな務めを全うするためには一定期間生きていなければならぬ。そのために社会を作って生活するということになるのです。ところで社会生活をする場合、天然のままにしておくと強い者勝ちになり弱い者が負ける。社会の人々がみな揃ってこのたいせつな中継ぎの役目を果たすためには、協同一致して博愛の徳を発揮し、無法な者が出ないように法律ができ、道徳があるわけで、もし社会に一つもそういう不都合がなければ法律も道徳もなくてよいのです。しかし今日のような社会ですから法律も道徳も必要であります。

これから先、あなた方はみな奥さんになられるだろうが、こう言うと少しさし障りがあるかも知れないが、独身生活をするようなことはいろいろの点から考えて天意に叛いているもので、楽しい家庭を作り一家団欒するということにお願いします。なにごとも自然の法則に従っていくということがたいせつであって、人はいろいろと申しますが結局そういうことになるのです。

菊は子孫を継ぐうえについて他の花よりも非常に便利にできている。菊の花は植物の中でも最も高等な進歩した構造を持っております。植物を分類するのには多くのものの中から互いに似たものを集めて一つのグループ、すなわちFamilyを作っていて、これを日本語に訳してみると科というのだが菊がいちばん進歩した科となっています。進歩したということは自分の子孫を後に残すのにいちばん都合よくできていることであります。あなた方は学校で習って知っているであろうが、知らない人から見るとこの菊の花は一輪の花に見えるけれど、これは梅や椿というような一輪と意味が違う。あれは純然たる一輪、菊は一輪ではない。これはちょうどあなた方がこの部屋に集まっているのと同じような仕組であります。菊の花はここに集まられたあなた方全体に当たり、梅や椿はそのひとりひとりに当たるというわけです。すなわち菊の花は複合花である。菊はなぜこんな花になったかというと、実を結ぶ必要から自然がしたものである。菊の花ももとは軸があってその周囲に一つ一つの花がまばらに付いていたろうと想像される。これは何億年も昔はそうであったのかも知れないがまばらでは不便である。集まる方が都合がよいというのでこういう風に集まったのであります。田舎より町へ集まった方がよい、集まるというのはなにか便利なことがあるからで、集まるべき必要があるからであります。大阪市があのようになったのもああいう風になるべき必要があったのである。私が今話をしてもあなた方がここに集まっているからみな一度に聴ける。もしばらばらになっていたらひとりひとりに話してまわらねばならぬ。やはり集まった方が便利で都合がよいでしょう。菊の花もなにかそうしたわけから自然がこうしてくれたのです。

菊の花は複合した花でこれは一つの花ではない、(頭状花を示して)これは花の集まり、穂であります。こういうものを(周囲の花を示して)舌状花といって、この中心にあるのは中心花という。もし菊の花を芍薬の花で作ろうとすれば、これが(舌状花、中心花を示して)仮に五十あるとすれば芍薬の花を五十持ってきて集めなければならぬ。これでは一つの花が大きくなって不便である。そこで菊の花は多くの花が集まったのですから、この不便が起こらぬように一つ一つの花が単純になり形が略され、押し合いへし合いして縮まって小さなものになる。そうなったものがこの菊の花であるが、それは種子を作るのに非常に便利であります。こういう風に集まっていると短い時間でたやすく授粉ができるがまばらになっているとそれができない。例えば結婚をしようとする人を一堂に多数集めておいて、仲人がひとりあって皆にお盃を廻すと多くの結婚式が一時にすむことになりましょう。これと同じことです。

こういう風に花が多数集まっていると授粉が一度にできる。これを仲介するのは虫である。虫が一匹来れば二、三十の花が一度に実を結ぶようになる。もし一々あぶが飛び廻って花粉をつけていては時間がたいそうかかりましょう。こういうわけで万事たいへん便利にできています。

この周りのきれいな花は雌花でここへ虫が来て中心の花の花粉をつけます。中心の花は両性花で雄蘂も雌蘂もありその底から蜜が出るので虫はその蜜を吸いに来ます。虫は菊の花のことなどなにも思っていない、自分の慾だけを満足しにやって来るのであるが、もし菊の花がまばらに付いているといちいち探して歩かねばならぬ。こういうように多くの花が集まって周囲の舌状花が大きく美しい色をしていると、これを目じるしに飛んで来ます。そして中心の花の蜜を吸うために花の上を歩きます。虫の体には毛があるからこのときに花粉が毛につき、これがまた他の花の柱頭につくことになります。花の色はちょうど看板と同じである。私どもが町を歩いても看板がなかったら一々店の中を覗いて行かなければ分からないでしょう。看板に当たる赤や黄の色は虫を呼ぶためであって虫に見てくれ見てくれと呼んでいる。この花を人間が横からよい気になって観賞しているというわけです。菊の花ではこの周りの花が看板の役目をつとめ、そして実を結びますが、中の花は看板ではなく実さえ結べばよいのであります。すなわち一種の分業が行なわれているわけで、こういう花は非常に進歩した高等な花であります。人間でもこの頃はなにもかも分業でやりますがそれで進歩するわけです。動植物でも分業の行なわれるものほど高等に進んでいるといわれる。菊の花でも今申したとおり実を作るところと、実も作るが看板にも当たるというところとが協力していてたいへん進歩した構造を持っています。このような高等な花をこの学校で愛し、こんなにさかんに作るということはたいへん意味深長であります。

植物には自分の花の花粉を自分の柱頭につけないで脇の花からつけないと実のできがたいのがある。あの石竹、なでしこ等を見ますと一つの花に雌蕊と雄蕊とがあるが、雄蕊が先に出て花粉を出し、雄蕊がしなびると雌蕊が後から出てきます。すなわち自分の花の雄蕊が出た頃は雌蕊はまだ若い。それゆえに脇の花粉を持ってこなければならぬわけで、これは虫が運ぶのですから石竹、カーネーションの類では虫が来なければ子孫ができないことになります。

菊の花の中心花は小さいけれど、これをよく観察すると花冠はその先が五つに分れていて、その中に雄蕊が五つあり筒のように連合している。雌蕊は下から雄蕊のこの筒の間を突き出てきて先が二つに分れる。その上が柱頭になります。それで自分の花の花粉はこの柱頭にはつかないわけで虫が他の花の花粉を運んでくるわけで、こういう風に自分の花粉を自分の柱頭につけないようにいろいろ工夫します。人間でも兄妹同士とかごく縁の近いもので結婚すると不具ができたり身体の弱い者ができる。これと同じように花でも自分の花の花粉をつけたものは弱いものができる。こんな点から考えても菊の花の構造は巧みにできております。

菊はもと支那の植物であるが今では日本の国花みたいになっています。菊は今から千年以上も昔に日本へ渡ってきた。そのときは種類も少なかったが日本へ来てから方々の人が作り今日のようになったのです。培養者の丹精によってこういうように大小多数のものができた。そして日本の風土に適するのでどこでも広く作られるわけです。それで日本の国花といってもだれも異存はないけれども、もしこれがもとから日本のものならもっともよいわけです。アジアの東部が全部日本のになればまったく日本国の花になるわけで、また一視同仁世界はみな兄弟であるという考えから見れば日本の花と定めてもいっこう差支えはありません。もう一つ心強いことは日本のものにもこの花と同じ種に属するものがある。明治十九年頃に私が見つけたものでその菊は野路菊という。野路菊なら言葉としても悪くはないと思ってこの名をつけて発表しておいたのです。その野路菊はこの菊と同種に属する。野路菊は神ながらの形態を保って咲いているのですが、もしもそれが昔に人の注意をひいて栽培していたならば、こういう風に変わったきれいな菊になっていたろうと思います。だれも注意を払わずに野にあったから小菊の状態であるわけです。この野路菊に赤い花を咲かせたいという希望を持っているがまだできない。淡色でもよいから赤い花が咲けば非常に面白いと思います。この野路菊は小さいのは直径六分くらい、大きいのは一寸五分くらいにも達する。これを培養すればもっと大きな花が咲きます。その形態をよく吟味すると菊と少しも変わらないし、第一そこに表われている気分が一致している。これは自然の状態をよく見て会得するとよく分かることです。

野路菊は六甲山の麓にも少しありますがこの近くで多いところは播州の大塩で、そこに行くともう二週間くらいもすれば花咲くだろうと思います。それを取ってきて懸崖作りにするのは面白いと思う。大塩に行って花弁の広いの狭いのその他いろいろの変化を見て採ってくれば異なった花が咲かせるわけです。

支那では昔は菊の花はみな薬用として用いた。最初は野にあるものを取って薬用としたが後にはそれを作って観賞するようになった。日本に来たのは支那で作り始めてから千年くらい経った後であって、日本に来てからまた千年くらい経っているから最初から数えると二千年くらいかかっていることになります。始めこのような大きい菊が日本に来たのではない。日本に来てから培養を重ねこんな立派なものとなったのです。

あなた方が菊を愛しまた植物を愛するその心は人間にたいへん尊いことだと思います。手みじかに言えば草や木に愛を持つというのはそれを可愛がり、いためないことである。そういう心を明け暮れ養えば脇のものをいためないという思いやりの心が発達してくる。むつかしく言えば博愛心、仏教では慈悲心ということになります。それを理窟で聞くばかりでなく自然にそれを発達させることが必要である。学生時代からそのような心を養っていただきたい。思いやりがあれば喧嘩はしない、喧嘩は自我心を強くしてわれひとりよくしようという心があるから起こる。強きを抑え弱きを助ける心を植物から養いたいと思います。倫理道徳というようなものはやはり理窟よりも情から入った方がよいと思う。植物の知識を学ぶさいには右私の言ったようなことを知らずしらずの間に養うようにしたいものです。

菊の花を愛するということは他の花も愛することになる、どんな小さなものでも可愛がることになる。私はこういうことがあります。植物を採集してくるといろいろの虫がそれに付いてくる。それを腊葉（おしば）にするときに一匹の蟻でもみな追い払わぬと、その虫を殺すということはできないようになってきた。小さい虫がくっ付いているのを縁側の外に捨てる、殺しはしない。そんなときに私はよく蟻のことを思う。この蟻は何里も離れてここへ来て放たれるがこの先どうなるかと思う。他の蟻の社会の中へ入ってゆけばどういうように排斥されるだろうかと心配する。こういう心を養ったのはむずかしい書物によらず、自然を愛するということから、いためてはいけないという結果、ひとりでにそうなった。何十年もの間植物を愛した結果から自然に養われたのです。私は自分の経験からこの草花植物をみなさんにどうか愛して下さるようにお願いする。専門家になれと言うのではない。植物を憎むことは少しもないという証拠には、どんな家でも植物が庭に植えてある。どんな人でも植物は好きだろうと思う。植物はどんな人にでも愛される素質を持っているわけです。これを愛好することは費用が多く要るというわけでもない。情操教育上からも植物を愛するようにお奨めします。動物を採集すると殺さねばならぬが、私はあの苦痛を察してやるととうてい殺す気にはなれない。植物は動物と違って愛好するに都合のよいものであるから、あなた方にもそれをお願いするのです。

それからもう一つ健康の方面から言っても植物を愛好するということはたいへんよい。植物を愛好するためにはどうしても外へ出る、ということは健康上からたいへんよいことで、外へ出ると自然に運動が必要になってくるし、日光にも当たる、よい空気を吸うということになります。私はこのような年になっても健康で昨年は立山にも登ったりしました。私は小さいときは弱く痩せていたがだんだん方々の植物を採集して歩いたりしたので身体が強くなりました。私はこのような健康をまったく運動によってかち得たわけです。散歩ということはたいへんよいことですが道を歩くのも憂鬱ではいけない。心を楽しませて歩かねばいけない。楽しい心で歩くとよい運動になります。植物はどこに行ってもあるもので、植物を愛好すればどこを歩いても植物を見て楽しむことができる。私はどんな山奥にひとりで行っても淋しいと思ったことは一度もありません。植物を見ていれば非常に賑やかでまた楽しい。

これからさき日本が世界の国々の間に立って独立を保っていくのはなかなかたいへんなことで

あるが、それには非常に健康な人間を作らなくてはいけない。健康な子供を得るにはまず母が丈夫でなければならぬ。それでみなさんはまず丈夫な身体を作るということにしていただきたいものです。女の人はタバコを吸うてはよくない。タバコは害物であるからどうか吸わぬようにお願いしたい。それからこれは男子の学校なら私は大いに話したいのであるが、あなた方は女であるから酒のことは心配ないと思います。私は小さいときから酒もタバコも飲まない。それが年をとってくると影響する。私は七十五になりますが動脈硬化ということがない。私の動脈は軟らかい、血圧も高くないからこれから先まだ三十年も生きられると喜んでおります。こんなに私が身体が丈夫なのは酒、タバコをのまないのがたいへん手伝っていると思います。

これで私のお話は終りにいたしますが、あなた方が長い間静かに私のつまらない話を聴いて下さって私はたいへん嬉しく思います。みなさんにお礼を申します。

（昭和十一年十一月）

さまざまな樹木

アケビ

野山へ行くとあけびというものに出会う。秋の景物の一つでそれが秋になって一番目につくのは、食われる果実がその時期に熟するからである。田舎の子供は栗の笑うこの時分によく山に行き、かつて見覚えおいた藪でこれを採り嬉々として喜び食っている。東京付近で言えば、かの筑波山とか高尾山とかへ行けば、その季節には必ず山路でその地の人が山採りのその実を売っている。実の形が太く色が人眼をひく紫なものであるから、通る人にはだれにも気が付く。都会の人々には珍しいのでおみやげに買っていく。

紫の皮の中に軟らかい白い果肉があって甘く佳い味である。だが肉中にたくさんな黒い種子があって、食う時それがすこぶる煩わしい。

中の果肉を食ったあとの果皮、それは厚ぼったい柔らかな皮、この皮を捨てるのは勿体ないとでも思ったのか、ところによればこれを油でいため、それへ味をつけて食膳に供する。昨年の秋箱根芦の湯の旅館紀伊の国屋でそうして味わわせてくれた。すこぶる風流な感じがした。

今日でもそうかも知らんが、今からおよそ百年ほど前にはその実の皮を薬材として薬屋で売っていた。それは肉袋子という面白い名で。

そこで右のあけびの実だが、その実の形は短い瓜のようで、熟すると図に見るようにその厚い果皮が一方縦に開裂する。始めは少し開くが後にだんだんと広く開いてきて、大いに口を開ける。その口を開けたのに向かってじいっとこれを見つめていると、にいっとせねばならぬ感じが起こってくる。その形がいかにもウーメンのあれに似ている。その形の相似でだれもすぐそう感ずるものと見え、とっくの昔にこのものを山女とも山姫ともいったのだ。なお古くはこれを蔔と称した。すなわちその字を組立った開は女のあれを指したもので、今日でも国によるとあれをおかい又はおかいすと呼んでいる。これはたぶん古くからの言葉であろう。そしてこの植物は草である（じつは草ではなく蔓になっている灌木の藤本だけれど）というので開の上へ草冠を添えたものである。こんなあだ姿をしたこの実から始めてあけびの名称が生まれたのだが、このあけびはすなわちあけつびの縮まったもので、つびとは、ほどと同じく女のあれの一名である。しかし人によってあけびは開肉から来たと唱えている。すなわちその実が裂けて中の肉を露わすからだといい、また人によってあけびは欠伸（あくび）から出た名だといっている。すなわちその実の裂け開

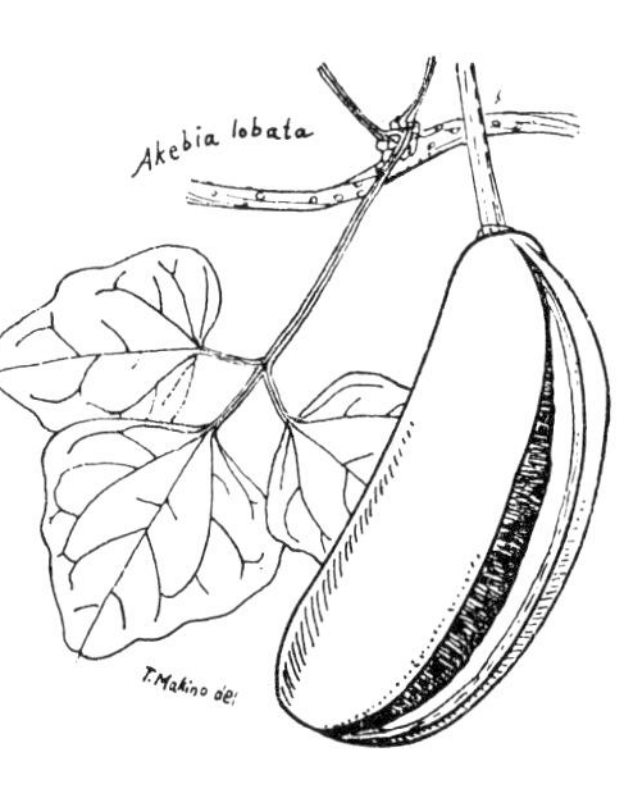

いたのを欠伸口を開くに例えたものである。国によるとあけびをあくびと呼んでいる所がある。なおあけびの語原についてはその他の説もあるが、しかし上の開肉の説も欠伸の説もなにもまずいことはないがあまり平凡で、かえって前の開けつびの方が趣があって面白く、また理窟にも適っている。そのうえ既に昔に蔔の字を書いたりまた山女、山姫の字を用いたりしたところをもってみれば、この方の説を主張してもまんざら悪いこともなかろうと思う。あけびを一つにおめかずらと称え、またおかめかずらと呼ぶのもけだし女に関係を持たせた名であろう。

右のように、元来あけびは実の名であるがそれが後には植物を呼ぶようになっている。しかし本当はその植物を指す場合にはすべからく、あけびかずらというべきである、この称呼は既に古からあったのである。

あけびの実はなかなかに風情のあるものであるから、俳人も歌よみもみなこれを見逃さなかった。昔の連歌に山女（あけび）を見て「けふ見れば山の女ぞあそびける野のおきなをぞやらむとおもふに」と詠んでいる。この「野のおきな」はところすなわちよく野老と書いてある蔓草の根（地下茎）をいったものである。また「いが栗は心よわくぞ落ちにけるこの山姫のゑめる顔みて」とよめる歌の返しに「いが栗は君がこころにならひてや此山姫のゑむに落つらん」というのがある。すなわち山姫はあけびを指したものである。また山女と題して「ますらをがつま木にあけびさし添へて暮ればかへる大原の里」の歌もある。また俳句もかずかずあるがその中に子規のよんだのに「老僧にあけびを貰ふ暇乞」がある。露月の句に「あけび藪へわれより先に小鳥かな」があり、李圃の句に「ひよどりの行く方見れば山女かな」がある。また箕白の句に「あけび蔓引けば葉の降る秋の晴」、蝶衣の句に「山の幸その一にあけび読れけり」がある。また「口あけてはらわた見せるあけびかな」という句があった。これは自分の拙吟だが「なるほどと眺め入ったるあけび哉」、「女客あけびの前で横を向き」これはどうだと友達に見せたら、そりゃー川柳へ入れたらよかろうと笑われた。

わが日本にはふつうあけびに二種（いま別にあいの子の一種があれど）あって、一般にはこれらを通じてあけびといっている。今日の植物学界ではその中の五葉のものを単にあけびと称え、他の三葉のものをみつばあけびと呼び、かようにそれを二種に区別している。

右のあけびもみつばあけびも植物学上からいえば、共にその蔓が左巻きをしている纏繞藤本で、すなわち灌木が蔓を成したもので、それはふじなどと同格である。葉は冬月落ち散り、掌状複葉で長き葉柄を具えて互生し、花は四月頃に房をなし雄花雌花が同じ穂上に咲き、花には紫色の三萼片のみあって花弁はなく、雄花には雄蕋があり雌花には雌蕋があって、この雌花は雄花より形が大きく、かつ花の数が少ない。

果実はみつばあけびの方がその皮の紫が美麗でかつ形が大きく、食用にはこの方がよい。

市中に売っているあけびの「バスケット」はどのあけびで作るか。通常これをあけびの「バスケット」というもんだから、それをふつうのあけびで作ると思っている者が多かろう。植物専門の博士でさえそう思い違いをして、これを書物に書いた滑稽があった。しかしこの「バスケット」を作るあけびはまったくみつばあけびで、ふつうのあけびは用いない。みつばあけびはその茎の本からきわめて細長い枝が発出して、それが地面を這って延びているので、それを採り来たり皮を剝いで「バスケット」に製する。ふつうのあけびにはこの細長き枝蔓が出ないから問題にならぬ。わが邦東北の諸国にてあけびといえば、そこに多いこのみつばあけびのみで、そこでは単にあけびと称える。ゆえに主として東北地方から産出するその「バスケット」を、あけびの「バスケット」と呼ぶのも無理はない。

ふつうのあけびの芽だちの茎と嫩き葉とを採り、ゆでてひたし物とし食用にする。これを蒸し乾かしお茶にして飲用する。山城の鞍馬山の名物なる木の芽漬はこの嫩葉を忍冬の葉とまぜて漬けたものである。

従来わが邦の学者は、わがあけびを支那の通草一名木通に当てていた。ゆえにあけびが薬用植物の一つになっていた。しかるに近頃の研究では、右の通草すなわち木通はあけびではないということになったので、そこであけびが果して薬になるかどうかということが分からなくなってしまった。

ここに面白いことは、このあけびの学問上の属名をあけびあ、すなわち Akebia ということである。これは無論日本名のあけびを基として作られた世界共通の属名である。そしてその中のあけびをば Akebia quinata と称し、みつばあけびをば Akebia lobata と称する。これは学問上の通称で、この名であれば世界中の学者にはだれにでも通ずる。学問上にはどの植物にもこんな公称があって学者はこれを使用しているのである。あまり長くなるのであけびの件これで打ち止め。

（昭和十一年発行『随筆草木志』より）

稀有植物の一なるこやすのき

こやすのきと呼ぶものがある。えごのき科のえごのき一名ろくろぎ、すなわち傘の傘椿(ろくろ)に製する樹も国によりてはこやすのきと呼ぶがそれは別である。ここに言うこやすのきは、とべら科に属し、本邦産の珍しき小樹であって、ふつうに諸国の海岸に見るとべら、すなわちPittosporum Tobira Ait. と同属に属する異種である。

飯沼慾斎翁の『草木図説』の木部にその図説があり、また富山藩で調製したる稿本に関根雲停の描きし図があるが、これらの図は明治維新前にできたものである。しかるに明治の代になって久しくこの樹が世に出なかったが、ついにはその正体を見届けることができた。予は右に述べたる二つの図を始めて見たとき、いかにもこれは珍しき品種だと思った。右の図には別に詳細なる解剖図があるでもないから、しかとは分からぬが、つらつらその花葉の様子を見るに、どうもとべら属、すなわちPittosporum属のもののように感じた。しかるにこの属の本邦産品はまことに限られているゆえ、もし本品がその属のものなればはなはだ面白きものなりと思うた。それゆえなんとかしてその実物に接したいと思い、物産に博識なる田中芳男先生にもお尋ねし、同先生より伊藤圭介先生にも尋ね合わされたが、そのときいっこうに分からなかった。

しかるに予はふとしたことからその実物に接することを得てじつに喜びに堪えなかった。今より数年前であったが、播磨国に大上宇一氏という物産学に熱心な人があって、同氏より同地産の植物の名称を標品を添えて質問に来たことがある。これらの標品は古新聞にて綴りたる小冊の間に挿んであったが、見来るうちにこのこやすのきの生きたままの葉の付きたる枝の一切れが入っておった。や、しめたと非常に嬉しかった。さっそく大上氏に懇願してその生の枝を送ってもらいこれを見たところ、その枝には果実が付いておって、すぐにその品がかつて想像せしごとく果してとべら属であったことが分かった。それからいろいろとこれを考察せしところ、これは一つの新種ということが分かったゆえ、予はこれに Pittosporum illicifolium Makino の新学名を与えて、その記載文とともにこれを『植物学雑誌』に登載して世に公にした。その種名なる illicifolium は「しきみ属すなわち Illicium の葉の」ということを意味し、このこやすのきの葉がしきみの葉に似ているより、そのように名づけたのである。その後引続いて大上氏より花の標品を送られ花の部分もよく分かり、またその後池田耕介氏よりもこの樹の標品を得て、大上氏の産地外にさらに新産地を加えたが、なお今日まで播磨国以外よりは予はその標品も通信も一つも得ぬのである。

ここに注意すべき件は、このこやすのきが二家花を開くこと、すなわち雌雄異株であることである。ちょっとその花を見ては右の事実が分かり難い。なんとなれば、その雄性花には子房が現存し、その雌性花には雄蕊が現存するからである。されどもその雄性花の子房はこれを雌性花の子房に比すればやや小形にて子房の役目が勤まらない。またこれと反対で、雌性花の雄蕊はこれを雄性花の雄蕊に比すれば小形にして雄蕊たる役目が駄目である。この事実は同属のとべらにも同じくあるので、とべらの花の咲く樹でもその雄木に属するものは一つも果実を結ばぬのである。

（『随筆草木志』より）

リョウブの古名ハタツモリの語原

今日一般にいっているリョウブ、それはリョウブ科 Clethra barbinervis Sieb. et Zucc. のリョウブそのものの古名をハタツモリと称えるが、これはじつに趣ある語原を持った名称であったけれども、惜しいかな今日では既に死語と化して、ただわずかに古歌の上にその名残りを留めているにすぎない。今このハタツモリの名の詠み込んである古歌を挙げてみると、

里人や若葉摘むらむはたつもり　外山も今は春めきにけり
はたつもりつもりし雪も消へぬれば　賤がすまひに若菜摘むらし
ねやいらぬ外山の春のはたつもり　葉にのみ出でて人に知らるゝ
奥山のくさがくれなるはたつもり　知られぬ恋にまどふころかな
今よりは深山がくれのはたつもり　我うちはらふとこの名なれや
我が恋は深山に生ふるはたつもり　積りにけらし逢ふよしもなし
しられぬにかさなる山のはたつもり　はたつもり行くつみぞかなしき
今よりも木の芽も春のはたつもり　時来にけりと人や尋ねむ

である。

この樹をリョウブというその語原はよく分からないが、昔からそれに令法の字が用いられている。これは無論漢名ではなく、今日現にとなえているそのリョウブを単に漢字で書いたものたるにすぎない。この樹はその葉が食用になるので、したがって山地の人々の注意を惹くからでもあるのか各地の方言が多い。高知営林局で発行した『四国樹木名方言集』で見ても四国だけでも十八もある。すなわちそれはアマナノキ、キョオブナ、キョオブ、サルトベシ、シラツツジ、シロツツジ、ミョオブナ、ビョウブ、ビョウブナ、ブジュナ、ブナ、ホオクロ、ボウリョウ、ボウリョウツツジ、リョウブ、リョウブナ、リョウボ、リョウボギである。なお大日本山林会で発行した農商務省山林局編纂の『日本樹木名方言集』によって、他地方の方言を挙ぐればヨボ、ソボ、ジュブ、ショウブノキ、リョウボウ、ヒョウバ、ビョウナ、ウラザクラ、サルナメシ、サルスベリ、サルダメシ、サタナシ、サタメシ、ミヅナラ、ジョホウがある。

落葉灌木あるいは小喬木で山地で多く見られ、七、八月頃になるとその枝上に多くの花穂を出して樹上が真っ白くなるほど多数の花が咲く。花後には穂になって小さい実が生る。幹は平滑でよく外皮が剝げ、材質は密で茶人の好む木炭が作られ、春時枝端に輪状を呈して芽立つ嫩葉は、山人摘んでこれをゆで、食用とする。私も少年時代にわが郷里でこれを食ったことがあるが、もとよりあまり美味なものでなく、書物にも厚味のものではないと書いてある。

今からちょうど九年前の昭和十二年八月六日、大阪府三島郡吹田町の素封家西尾与右衛門君、その令息令嬢、同家の使用人、小学校の教員、大阪府立茨木高等女学校教諭安井喜太郎君など同勢十余人、西尾家の自動車三台に分乗して六甲山に植物の採集を試みたとき、同山の登り路林中に多くのリョウブ樹があって、そこここさかんに白花をひらいて緑葉繁き樹梢を飾り、大いに夏らしき山地の景色を開展しているのに際会した。私は車内より、たちまち迎えられたちまち送られる近遠のその白花を目送しつつ、この際なんとかしてかのハタツモリの語原正解を摑まんものとその開花の実景に忙がしく目を配りつつ、アレかコレかとしきりに頭を働かせて推考また推考しているうちに、たちまち釈然として、ああこれだ！　とその会心の解を得たのはじつにこの上もない喜びであり嬉しさであった。なんとならばそれはその実景観察の結果、今日にいたるまで長い間いまだかつてだれもがあえて説破し得なかった前人未発の一新説を、たちまち瞬時に樹立するに成功したからである。

ハタツモリ、それは旗積りである。旗は白旗である。百千万の白旗が相集まり相むらがって樹梢を埋め尽すのである。かの花穂の枝梗が花叢の中心から出で、右傾左傾し四方を指して靡いているありさまは、その縦横に交叉する白旗を想わすに足る姿なのである。あえて実況を知らず単に机上で考えたんじゃあ問題にならんが、とにかく実地にその実景に接し、そこで思いをめぐらしてみたら、必ずやだれでも私とそのみるところを一にするのではないかと信ずる。昔の人がこの白花競発の有様を白旗に喩えて、これを旗積りと呼んだのは、じつにこの上もない趣のある見立てであって、私はなんとなくその雅懐を抱いていた当時の人がゆかしく感ぜられてならない。

ハタツモリをまたハタツマリとも書いてあるが、これでもその意味は同じである。すなわちツマリはひっきょう密簇してふさがっていることであるから、それはその花の群集せる有様をうたっているわけだ。

かの大槻文彦博士の『大言海』に、ハタツモリの語原の解として「畑之守（ハタツモリ）ノ意カ。官、令シテ植ヱシメ葉ヲ飢饉ニ備ヘシムト」と書いてあるのは、これはじつによいかげんな想像説であると私はこれを喝破するに躊躇しない。なんとならば飢饉のときの備えにせんがために官が民をしてこれを畑に植えさせたという歴史的の事実は、元来どこにその証拠の跡を見出すことができるのか。のみならずこの樹はお触れまで出してそう特別に世話を焼かなくても、山に行けばどこでもザラにあるのだから、貴い耕地の畑までもつぶしてわざわざ植えさす必要は少しもないじゃないか。また春ちょっと枝先に出る芽のために、また単にご飯に添えるおかず程度の品のために、年中畑をふさげておくのはまことに不経済しごくでもあって、これらもいっこう実地に即した説ではないではないか。またいわんや、リョウブの作られてあったといわれる畑の残りだも見たものは、今日世間に一人もありはしまい、と、かく堅く信ずるからである。ゆえにハタツモリを畑を守るの意にとるのは、ひとえにハタツモリの名をしいて牽強付会的にこじつけたもので、あえてなんら根拠のない机上の空想であるぞよと太鼓判を捺していいのだ。

日本の学者は、従来リョウブを『救荒本草』の山茶科という植物に当てているが、私はこれは決して適中していないと思っている。この山茶科の葉は味が苦いからその嫩い葉をよくゆで、水で淘洗し浄めて、それから油と塩とで味を付けて食うように書いてあれば、この点でもわがリョウブとは違っている。しかしこのリョウブはまた支那にも産せんでもなく、山東省の地にはこれを見るといわれているから、その土地ではなにか適当な漢名があるのであろう。

（昭和二十二年発行『牧野植物随筆』より）

いわゆる京丸の牡丹

今をへだたること九十三年前の天保十四年に出版せられた書に『雲萍雑志』と題するものがある。洪園柳沢里恭の随筆である。その巻の三に左の記事がある。

東海道浜松といふに宿りし時、家のあるじの申はこのところより天竜川に添て十五里ほど山に入れば遠江と信濃の国のさかひなる川そひの地に京丸と呼ぶところあり、その地は他より人の行かふべきところにもあらず……所の人のかたりけるはこの山を登りて凹かなるところより見れば珍らしき花ありとて案内しければ、男行て見るにはるかなる岨（そば）のもとながれあり、水勢の屈曲して激する声のいさぎよきけはひいふべくもあらず、渓間を遠くへだてゝその大さふたかかへもあらんとおもふばかりの樹に色紅にして黄をおびたる花今をさかりと咲たり、夏の事なればあまりの暑さに案内の人は木の葉をいたゞきたり、さていふやら此花の大さこゝより見ればさほどにもあらず、この川の末尻といふところにこの花のちりて流れ行けるを拾ひしものあり、花びらのわたり一尺余もあるべしと語れり、いかなる木の花にかたえて知る人なし、遠江の国人はこれを京丸の牡丹とて今猶ありといふ、この頃は人もゆきかふことありてこの地へもいたれど、この花のある渓へ尋ねゆきて見る人なしとぞ……

この京丸の牡丹というものはむろん真正の牡丹（牡丹は支那の原産であってわが日本には天然に産しない）でなく、私の考えではそれは疑いもなくモクレン科のホオノキ、すなわちMagnolia obovata Thunb. であると思う。この樹は山地の森林中にもよくあるもので、往々大木となっている。生長の速やかなる樹で、その葉は枝端にほぼ車形に相集まって四方に開き、その状すこぶる雄大である。初夏その新たに拡げた車状の大葉の中央に花が咲いて、その大形な数片の花弁を開展せる状を高きより遙かに下瞰するときは、その葉の緑波の表に白く浮き出て輝ける花は遠目にはことにいちじるしく大形に見え、かつそう想像せられるものである。私は私の郷里の隣の越知町の西に聳ゆる土地で名高い横倉山に登って、同山中不動ヶ懸崖（土佐にては滝ならぬ懸崖をタキと称する。それゆえかのカノコユリをタキユリと呼び、ぎぼうしの一種をタキナといい、イワタバコをタキヂシャととなえる。これらはみな懸崖の場所に生じているからである）の高き巌頭から海のように開展せる森林を眺むるとき、たびたびこのような景色に逢着したことを記憶する。ホオノキの花は花弁が数片あってちょうど蓮華の花のように開き、その太陽の光を受けて正開（図に見るように）するときは直径およそ六寸ほどもあってすこぶるみごとなものである。上記『雲萍雑志』からの記事中「花びらのわたり一尺余もあるべし」と言っているのはすこぶる誇大に失した言いぐさで、それほど大きなものではない。そして花は帯黄白色、すなわちクリーム色で強い香気が鼻をうち、花中に紅色の美しい花糸が多数あって開出するので、上の『雑志』の文中「色紅にして黄をおびたる花」とあるのはまさにこの花弁の色と花糸の華美な色とを言ったものだ。この花糸ある雄蕋は蕋柱の腰部を擁して付き、この蕋柱の周囲にはまた多数の雌蕋がかたまり付いており、秋になってそれが靱形の大きな果穂となり、各果の殻片が開裂すると中から赤色の種子が出て白い糸でぶら下がる。材はむしろ軟らかで往時は刀の鞘に賞用せられたものだが、なお板木、截板など種々の用途がある。葉は秋深けて風に散り、枝端に鳥爪状の大きな芽を残し、春来れば開舒して大なる薄質の托葉は落ち、黄緑の嫩葉が出て間もなく生長し、大形の新緑葉を展開するのである。盛夏の候風に吹かれて葉裏の白き色を山坡に飜えすときは、一句欲しき雅趣を覚ゆること、あたかも裏返る葛の葉を望む

ホオノキの花と実
（Magnolia obovata Thunb.）

と同様である。この葉は山村では物を包むに利用せられ、飛驒の国では家に一樹あればその家の財産に数え入れられると聞いたことがあった。

ホオノキはモクレン、コブシ、シデコブシ、カムシバ（タムシバの正名）などと同属で、みな木に多少の香気がある。日本では古くからこのホオノキを支那の厚朴に当てたものだが、それは確かに当たっていなく、厚朴は Magnolia officinalis Rehd. et Wils. の学名を有するものである。わが邦では右のように厚朴をホオノキとしていたので、それで今でもホオノキの場合によく朴の字が用いられているのはこの厚朴を略したものである。

またわが邦の本草家はホオノキを浮爛羅勒だといっているが、これも断じて当たっていない。また商州厚朴もまた決してわがホオノキではない。わがホオノキは支那には産しないから、したがって支那の名はありません。

（『牧野植物随筆』より）

カナメモチはアカメモチである

カナメの生籬はだれでもよく知っているでしょう。五月頃に新芽が出て新葉が展開せられたときはことのほかその葉色が鮮かに赤いので、どんな人でもそれを美麗な籬だと感ぜぬものはないであろう。

生籬のカナメはみなその樹が小さいが、元来カナメは小喬木でよく成長したものは高さがおよそ一丈半ばかりにもおよび、幹の直径も五寸内外に達する。枝葉密に繁茂し、葉は葉柄を有し革質常緑で枝に互生し、長楕円形で鋭尖頭、葉縁に細鋸歯をそなえ、落葉前には往々変じて赤色を呈し、それが緑葉の間に隠見し雅趣がある。五月枝梢に繖房状花穂をなし数多（あまた）の細白花を開き、秋になれば赤い小円実を結びて美しく相集まり、鳥よく来たりてこれを食うのである。学名を Photinia glabra Maxim. と称してイバラ科に属し、かのウシコロシ、枇杷などと縁の近い樹である。本邦の特産で暖地諸州の山地に自生し、他の樹木に伍して茂っている。その材は通常船の艫ベソ、鎌の柄、車ならびにその心棒、牛の鼻木などに使用せられまた薪材にする。そしてまた往々庭樹にもなっている。

このカナメはまたカナメモチともカナメガシともカナメノキとも呼ばれる。これをモチというのはその樹と葉との外観がちょっとモチノキに似ているのでそうとなえられるわけで、決してこの樹からモチ（黐）が採れるからというのではない。

今日の人はだれでもこのカナメ、カナメモチ、カナメガシ、カナメノキを本当の名だと信じ、これを疑う者は絶えてない。そしてこれをそういうのは、この樹の材で扇のカナメ（蟹目の転訛）を造るからだと思っている。例えば寺島良安の『倭漢三才図会』に「カナメノキ、扇骨木、其木最モ堅硬ニシテ扇骨（カナメ）トスルニ堪ヘタリ故ニ名ク」と述べてあるので、かの大槻文彦博士の『大言海』にもこれに追随盲従して、「材堅クシテ扇ノ要トスベシ、扇骨木」と書いてある。カナメの材で扇のカナメを作るとみだりに唱道した発頭人の寺島良安がこのようにまことしやかに書いたものだから、さすがの碩学大槻先生でもつい不覚にもそれに引っ掛かったほどだから、世間の人はだれかれの差別はなくそれはそうだと信じて疑わないのであろう。

私の信ずるところでは、この樹をかくカナメ、カナメモチ、カナメガシ、カナメノキと称するのはともにみな間違いであると断言するに躊躇しない。この樹の材で扇のカナメを作るということはまったく事実無根のよいかげんな想像であって、おそらくだれでもこの樹の材を使用した扇のカナメを見た人はよもあるまい。扇のカナメを作るにはこの材ではまったく不適当だと私は確信して疑わない。もしも万一それが適当なものであってみれば、前々から今日までひんぴんとしてこの得やすい材を実際に応用しているわけだのに、いっこう世間にこれを見受けないのは、自然にそれが適材でないことを証拠立てているのである。この樹の材は堅いには堅いけれども粘り気がなくて割合に脆く、決して強靫でないから、あんなちっぽけな扇のカナメには耐力がなくて明らかに不向きである。ゆえに扇のカナメにはだれもが見受けるとおり、あるいは金属かあるいは骨かあるいは鯨の筬（おさ）などが用いられているのではないか。しかしもしもこの樹がその適材であったなれば、その用途としてなんで世間がこの得やすい材を見逃そうぞ。今いっこうにそれが使用せられていないところをもってみれば、すなわちこれそのものがまったく用にあたらんからだとすぐにも合点が行くであろう。ゆえにこの樹で扇のカナメを作るからそれでカナメあるいはカナメモチというのだとの寺島良安の説は、じつになんの根拠もないよいかげんな机上の空論でしかなく、なんら実際と合致した権威のある説ではない。そしてこれを信ずる人々は疑いもなく実地の知識を欠いていたのである。

右のカナメ、カナメモチ、カナメノキの名は元来はすべからくアカメ、アカメモチ、アカメノキといわねばならないものであったにかかわらず、この本来の称呼が後に訛られたのである。すなわちこのアカメ、アカメモチ、アカメノキは赤芽、赤芽モチ、赤芽ノ木の意で、それはその新芽が特に赤くてすこぶる人目をひくのですなわちそういったものである。そしてこの説は従来なおまだ前人の説破し得なかった拙者の新考であることをここに付記しておく。

五月に関西の阪神方面へ行くと、そここの人家の居まわりに造られてある生籬に真赤な新葉が萌え出してきわめて麗しく見え、まるで花が咲いているかと疑われる。つらつらこれを眺めて見ていると、なるほどこれをアカメ（赤芽）だとはよくも言ったもんだと感心する。

東京辺の生籬のものは、これを関西のものに比較するとその新芽の色があまり美しくない。これはたぶん土質の関係によるのであろう。試みに関西での苗木を関東に移すと、どうも葉の色が褪せるようだ。それゆえ関東におけるカナメの生籬は関西のものほど麗しくなく、また引き立たない。

要するに正称のアカメが誤称せられてカナメとなり、カナメの名から扇骨製造の蜃気楼がヒョウタンから駒が出たように出現し、そして世人はいつまでもいつまでもこの蜃気楼に見とれているのである。

清少納言の『枕の草子』に「そばのき、はしたなき心地すれども、花の木ども散り果てゝおしなべたる緑になりたる中に、時も分かず濃き紅葉の艶めきて、思ひがけぬ青葉の中より差し出でたるめづらし」とあるのはソバノキを讃美した言葉であるが、このソバノキこそカナメ（正称アカメ）の樹名で、今日でも土州ならびに紀州では昔からそう呼んでおり、なお土州ではソバともよび、讃州ではカタソバといい、紀州にはソバガシの名があり、土州ならびに勢州にソバギの称もある。

右ソバノキの名は最も古く『延喜式』に出で、また『江家次第』ならびに『倭名類聚鈔』にも出ているものであるが、文学方面でもその実物がよく明らかになっておらず、また植物学方面でもこの名を知っている人は真に寥々たる有様である。

従来の諸学者にはこのソバノキの名の意味がよく呑みこめず、みなそのソバをカバすなわち枛稜の意味にとっているから、その解釈が遠くその実物とかけ離れて机上の空論に終始し、いっこうに正鵠を得ていない。それもそのはず元来このソバノキのソバは、いつかずっと以前に土州の土佐山村で郷里の友人吉永虎馬氏と話し合ったごとく、その群集して樹梢を埋めて咲く白花が、あたかも雪のように満開したソバ、すなわち蕎麦の花に似ているより来たもので、決してカドなるソバの意味ではない。そしてこのソバノキには枝葉花果いずれの部分を検してみても、絶えてカドとして捉える点は一つもなく、したがってこれをその意のソバだと思うのはひっきょう実物を知らない寝言である。

従来こんな例はザラにあって、かのアズサを梓に当て、またアカメガシワに当てる問題でも、相当机上の論が多く混乱また混乱、あえて適従すべきところを知らない。さすが近代の文豪鷗外森林太郎先生でもこのアズサの問題にはもてあまされ、その解決について救いを牧野君にもとめたと同先生がその著『伊沢蘭軒』の書中にそう書かれたことがあったが、私はこれを見てひどく驚かされかつ恐縮したのであった。しかし先生が私をそう買って下されたことはまことに面目を施したわけで、今でも感謝しているしだいである。

昔はソバノキ（曽波乃岐）に枛稜（字音はコリョウで両字ともカドのこと）の字を当てていた。これはソバノキのソバを稜（カドすなわちソバ）の意味だと思ったからである。しかしそれはたいへんな誤りであった。かくソバノキのソバを稜のソバと思ったから、そこで源順の『倭名類聚鈔』にはこれを枛稜と書いて四方木也と解しているが、それは決してソバノキの解釈とはなり得ない。この『倭名類聚鈔』を註釈した狩谷棭斎は、枛稜は四角あるいは八角にした木で殿堂の建築に使うものだから、これを樹木の名とするは誤りであるとまでは言っておれど、さてそれならその樹はなんであるのかとの解釈はしていないところをもってみれば、さすがの棭斎先生もその実物はいっこうにご存じなかったようだ。

次にいささか驚くべきことは大槻先生の『大言海』の記事である。先生はこのソバノキを、かの鬼箭の一名たる衛矛（ニシキギ）の古名だとしていられることである。しかしこのニシキギには決してソバノキなる古名はない。ニシキギの枝には箭羽があってそれを上から見れば四稜をなしているので、これを『倭名類聚鈔』の四方木とある曽波乃岐（ソバノキ）に索強付会せしめたものである。そして『枕の草子』の文、『蜻蛉日記』、『江家次第』にあるソバノキをそれだとなしていて、まったく事実を誤っている。

そうかと思うと右『大言海』には、今度は次に本当のソバノキが出てそれをカナメモチとしてあるのは正しい。しかしここに貝原益軒の『大和本草』巻の十二の鳥の足（ヤマボウシのこと）の条下にあるソバノキの文を引用してあるのは非で、このソバノキは、名は同じでもまったく別物で、これはけだしヤマボウシと同物であろうと私は鑑定する。そしてじつは『枕の草子』の文も、また『蜻蛉日記』ならびに『江家次第』の記事とともによろしくここのソバノキの条下に持ってくるべきであったのである。その語原に「花白ク蕎麦ニ似タレバ云フカ」とあるのは正しいから、「云フカ」と疑わずにそれは「云フ」でいいわけである。

私は以上記述したとおりのことによって始めてアカメ（アカメモチ）ならびにソバノキ問題が解決したものと信じ、斯学のためいささか自らたのしんでいるしだいだ。（『牧野植物随筆』より）

丁子か丁字か

二、三年来坊間の書肆で出版せられた書物には、いわゆるチョウジすなわち丁香（Eugenia aromatica Baill. ＝ Caryophyllus aromaticus L. ＝ Eugenia Caryophyllata Thunb.）を往々丁字と書いている。すなわち某、某、某、某、某氏などの著書がそれである。その書物の中には臆面もなく、特にれいれいしく太文字で丁字と書いてすましている心臓強い人もある。

元来チョウジは丁子と書くのが本当であって、丁字と書くのはまったくのでたらめである。ゆえにチョウジ油、チョウジ屋、チョウジ草、チョウジの紋などの場合、それは丁子油、丁子屋、丁子草、丁子の紋と書いてあって決してそれを丁字油、丁字屋、丁字草、丁字の紋とは書いてなく、これはそう書くべきものではないからである。今日南方熱帯地の植物を云々するほどの学士もしくは博士諸君などは、これくらいのことはよく知っていて世人に正しい字を教えねば、わが学問に対しても恥辱ではないか。

チョウジの本名は丁香であるのだが、それを丁子というのはその一名の丁子香を略したものである。そしてなにゆえにかく丁の字を用うるかと言うと、それはかの香料にする蕾の形があたかも釘に似ているからである。また子とは元来実あるいは種子に対しての常用語であるが、かの利用せられている丁子は、本来は蕾だけれどその乾いて堅くなったのを実と見なして、それでこれを丁子というのであろう。また蝌蚪すなわち蛙の前身オタマジャクシも、またその形から同じく丁子と書かれているのは面白いことである。

（『牧野植物随筆』より）

護摩木

寺院で、主として不動尊の前に護摩壇を設け、その中央にあらかじめ準備してある火炉に木を積み上げてこれを焚き、もって法を修するのであるが、その木を燃すときにはそれがパチパチと音を発する。ゆえに福島県ではこの木をノデッポウ（常陸ならびに陸前でもかく言う）と呼ぶとのことを皇典講究所講師金光慥爾氏からうけたまわったが、このノデッポウは野鉄砲の意で、それはその木が燃えるときの爆音に基づいたもので、なお野州ではノデボ、磐城ではノデボー、信州ではノルデッポウあるいはノリデッポウと呼ばれる。しかしスイカズラ科のゴマキ（Viburnum Sieboldii Miq.）は胡麻木の意で、これはその葉を揉めばあたかも胡麻塩ようの臭気があるので、それでかく呼んだもので、たとえその名は同じゴマキでもその植物と意味とはまったく違っている。

上のノデッポウなる護摩木は、すなわち今いうヌルデであるが、古名ではこれをヌデまたはヌデノキあるいはヌリデノキととなえた。そして美濃では今日でもやはりヌデと呼ぶとのことであって、すなわちそこには依然として古名が残っているわけであるが、下総にはノデの名がある。そしてヌルデには今、フシノキ、カツノキ、ショウグンボク、ヌルデウルシ、ゴマギなどの方言がある。漢名は塩麩樹、すなわち塩膚木で、そしてその学名を Rhus semialata Murr. と称し、ハゼノキ科に属する。

このヌルデの樹は山野いたるところでよくこれを見受ける。その葉軸の両側に狭翼をそなえた特状ある羽状葉は秋季におよんで美しく紅葉し、また往々その葉もしくはその芽にフシすなわち五倍子を生ずる。八、九月の候その枝端に円錐状花序をなして数多(あまた)の砕小白花を攅簇(さんそう)し、遠望するとそこここの樹の枝頭が白く見える。それに雄樹と雌樹とがあって雄樹には雄花が咲き、雌樹には雌花が咲いて花後に果穂をなし、穂上に扁円帯紫緑色の小核果を群着し、晩秋に熟して褐色となり、落葉後なお枝端に乾き残りふさふさと垂れている。そしてこの実にはその表面に薄く白塩を布き、酢の気を帯びた甘味を有するによって子供がこれをなめ、また台湾の蕃地ではそこの蕃人が塩の代わりにそれを利用すると聞いたことがあった。漢名の塩麩子あるいは塩膚子はこれに基づいての称呼であるが、また別に木塩、天塩、烏塩、樹塩ならびに塩酢子の名もある。

よく昔からヌルデを白膠木と書いてあるが、しかし元来この樹にはこんな漢名はない。すなわちこれは楓香脂を白膠香というからあるいはそれを誤ったものであろうとの説もあるが、今私の考うるところでは、ヌルデの枝を折るとか切るとかすると白色の膠脂液（すぐ後には黒色となる）が浸(にじ)み出るから、それで古人がこれを白膠木と名づけたのではなかろうかと思う。

古名のヌデは、五倍子の形状が鐸すなわちヌデに似ているのでそう言い、それが後にヌリデとなったものだという人がある。またヌルデは滑出（ヌレデ）でそれは黏滑な膠が出るからだという人もあれば、またこの樹からは白色の膠が浸出し、その膠汁でものが塗れるからだという人もある。しかしいずれが本当なのかよく分からないが、これらが今この樹名の語原説となっている。しかしこの三つに分れた語原はぜひともついには一つに帰せしめねばならんから、吾人はこの問題の解決にも当たらねばならん義務がある。

この五倍子をフシという語原も判然しないが、これを塩麩子の音の略ではないかという説がある。されどそれは当たってはいないと思う。そこで私の思い付きでは、いっそフシは塊をなして節の形をしているからだとアッサリ無造作に片付けたらどんなもんかと思わんでもない。凝っては思案におよばずということもあるから、あまり深く考えこまん方がかえって正鵠を得たこととなりはせんかな。

（『牧野植物随筆』より）

苦木は漢名ではない

苦木とは、和名ニガキ（Picrasma ailanthoides Planch. = P. quassioides Benn.）を単に漢字で書いたにすぎない漢字名で、もとよりそれは漢名すなわち支那名ではない。そしてこのニガキの漢名はまさに苦楝樹である。わが邦の学者は従来これを『救荒本草』に出ている黄楝樹に当てていれど、もとよりそれは当たっていない。ゆえにニガキ科、すなわちSimarubaceaeを黄楝樹科と書くのは無論間違っていて、もしこれを漢名を用いて書きたければ、よろしく苦楝樹科とすべきである。また右『救荒本草』の花楸樹を指してニガキだとするのももとより誤りである。

なにゆえにこの樹をニガキと呼ぶのかと言うと、それはその葉でも枝でも皮でも、またその材でも試みにこれを噛んでみると、それがひどく苦いから、それで苦い木すなわちニガキである。ゆえにこれを苦木（クボク）と読んではその名にならないことはちょうど纈草（カノコソウ）を纈草（ケツソウ）と読んではその名にならないのと同様である（薬学界ならびに薬業界では纈草（ケツソウ）を纈草（キツソウ）と誤読し、略して吉草と書きこれをキッソウと読ませているが、これはひっきょう本来の字音を没却した行為、すなわち字音を知らざる無知な市井（しせい）の徒のすることで、いやしくも学問の素養ある人ならばかくなすことは恥ずべきのいたり、かつ学問に対する良心の許さぬところである。それにもかかわらず、それを堂々たる日本政府の『日本薬局方』が恬然として採用しているのは言語道断のいたりだ）。

苦木の薬用としては右『日本薬局方』（第五改正）に苦木エキスと苦木チンキとがあり、両方とも「苦味健胃薬」としてある。またその効用については刈米達夫、木村雄四郎両博士の『和漢薬物学』に「煎汁を家畜及農作物の殺虫、殺蠅薬とす」とある。

この苦木エキス、苦木チンキを上の『日本薬局方』では、クボクエキス、クボクチンキと読ませてあるが、しかしそう呼んでは断じてその名にはなり得ない。すなわちこれは当然ニガキエキス、ニガキチンキととなえねばならぬから、右『日本薬局方』の読み方はむろん間違っている。ひっきょうこの『日本薬局方』は二十三碩学の知識を集め、練りに練って編纂したものにもかかわらず、こんな分かりきった誤謬が載せてあるのはわが薬界の恥辱ではなかろうか。

このごろある薬剤師から聴いた話。生薬材料としてニガキを求めてもなかなか思うように集まらぬとのことだ。きょうびではニガキを出しても廉値（やすね）で手間にもならず、それよりかその木を伐って薪（まき）に打ち売ったほうがずっと利益になるとの理由で、材料来たらず、ここ薬界では大困りとのことだ。

（『牧野植物随筆』より）

橿はカシではない

わが邦では昔から橿を Quercus 属の常緑樹カシ、すなわちカシノキ（俗に和字で樫と書く、堅い木だからだ）として怪しまず一般にそう用いてはいれど、これはもとより誤りであって、橿は決してカシの樹名ではなく、したがって橿はなんらカシとは関係がなく、ただ古人がよいかげんな当て方をしたばっかりにそれが不当にもついにカシとなっているにすぎない。

日本で単にカシといっているものはアラカシが代表主品で、いちばんふつうにわれらの周囲に多い樹種である。またシラカシ、アカガシも通常カシと汎称される。

支那にはカシ、カシワの一類に槲、鉤栗、橡、槲（これはカシワではなくシナガシワ〔新称〕といい、わがカシワに類する落葉樹）、枹（『倭漢三才図会』にカシワとしてあるのは非である）などがあって『本草綱目』に載り種々の異名をも伴っているが、しかしついに橿の字はその中に見当たらない。ただ槲実の異名として櫟橿子があるが、これは「其実木橿、故ニ之ヲ櫟橿子ト謂ウ」と書いてあって橿を強い意味に用いてある。すなわちその実が硬くて強いからすなわちこの字を使ったものである。

次にわが邦人がかくカシに濫用しきたった橿につき、その根底をなしている字典の解説を次に記してみる（漢文を仮名交りにした）。

『説文』に「橿は枋なり、木に从い畺の声、一に曰く鉏柄の名」とある。

『玉篇』に「柯橿は鉏柄なり」とある。

『広韻』に「橿、一名は檍、万年木なり、又云う鋤橿は鋤柄なり」とある。

『古今韻略』に「橿は枋なり、周礼に輪人材を斬り牙するに橿を以てす、又鉏柄なり」とある。

『大広益会玉篇』に「柯橿は鉏柄なり」とある。

『字彙』に「鋤柄、又枋なり、一名万年木」とある。

『新撰字鏡』（これは日本でできた辞書）に「鋤橿、一名は檍、万年木」とある。

右に列挙した橿の解釈でみると、橿はひっきょう鉏の柄かあるいは万年木（樹名ではない）といって強くて耐久力ある堅い材の木かである。そして見受けるとおりその橿はなんらカシノキの名ではない。おもうにわが邦の昔の人がこれをカシとしたのは、橿は強い硬い材であり、カシもまた同様に堅いからそれで橿をカシだと早呑みこみをして、そこでついに橿がカシになってしまったにほかならないのである。材が堅いからすぐにもそれがカシで候とはずいぶんずさんな考え方である。堅い木はなにもひとりカシのみに限ったわけのものではないじゃないか。もっとも鋤の柄、あるいは鍬の柄、あるいは鎌の柄などにはふつうによくカシの材が使ってあるにはあるが、しかしそう一概には言えないのである。

わが邦で橿をカシだとしたのは源順の『倭名類聚鈔』であろう（この書にはずいぶんと多くの誤りがある）。同書では橿は和名加之（カシ）で万年木だと出ている。この万年木は上に列挙した諸字典中の名をそのまま移したものたるにほかならない。

上に書いたごとく橿は決してカシとなすべき字ではないから、断然その誤謬を匡正し、カシに対して軽々にこの字を使わないようにせねばならないことはまことに見やすい道理である。が、しかしまた日本のカシにはもとより漢名はないから、したがって仮名でカシとその名を書くよりほかに途がなく、従来漢名で書いてあるものはみな誤りである。

カシの語原はよく分からないが、松岡静雄氏の『日本古語大辞典』には「カシ（炊）に用ひられる闊葉樹を普くカシハノキといひ、略してカシノキとも単にカシとも称へられるやうになった。其は恰も火を鑽る杵に用ひる木を単にヒ（檜）といふと同様の転義である。」とあるが賛成致しかねる。おもうにカシにはなにか別に底深いその語原が潜んでいはせんかと思うが、しかしそれは今にわかに判然しないのである。そしてカシはおもうに神代からの古語でマツ、モミなどの名と同じくあまり遼遠な昔からの称えゆえに、今その意味を捉えることができないのではないか。

（『続牧野植物随筆』より）

ブドウ（葡萄）

わが日本では昔からブドウを作っていた。これはもと外国（たぶん支那）から来たもので元来わが邦にあったのではない。かの甲州ブドウが、伝説にあるように神社の路傍で偶然その野生品を見付けたと書いてあっても、これはもとより日本野生のものではない。どこからか来ていたものがたまたまそこに生えていたのにすぎないのである。

今日では外国から種々の品種が取り寄せられているので世間で変わった品が多く見られることは昔日の比ではない。したがってその状態や実の形状もいろいろある。

支那でも葡萄は同国に産したのではなく昔はなかった。漢の時代に張騫という人が西域に使いし、その地からその種子を携えて帰り、それを支那へ伝えたから同国でもしだいにそれが拡まったのである。しかし同国の西の方の遠いへんぴの地には、既にそれ以前からこれがあったということである。

しからばブドウの原産地はどこであるかとたずねると、それはけだし欧洲の東南部からインドの西部にかけたその間の地がその本国であろうと学者たちは言っている。そしてこのブドウの学名は Vitis vinifera L. である。

　和名のブドウは葡萄の字音から来たものであるが、しかし支那では葡萄の古名は蒲桃であった（熱国に蒲桃すなわちフトモモという常緑樹があるが、無論それではない）。支那の学者は葡萄について次のように言っている。すなわち「葡萄に蒲桃と書いている。これで酒が造られる。人がこれを飲むと陶然として酔うのでそれでこの名がある。その実の円いものを草竜珠といい、長いものを馬乳葡萄といい、白いものを水晶葡萄といい黒いものを紫葡萄という」とこれである。

　右のように支那人は葡萄すなわち蒲桃を、酔心地よく酒に酔う意味だと言っている。しかしそれは果して真か、いやいや、まったくそうではない。

　元来葡萄でも蒲桃でも、その字面にはなんの意味も持っていない。なんとならばこれは疑いもなく音訳字で、それはちょうどイギリスを英吉利と書くようなもので、単にその発音を表わした字にすぎないのである。すなわち葡萄、蒲桃は共にかの張騫が初めてその種子を得た大宛、すなわち北爾肯州（フエルガン）の土言 Budaw（ペルシャ語では Budawa）の音訳字で、それが初めは蒲桃であったがのち葡萄に変わったのである。このようないきさつであるので、葡萄も蒲桃もその字面にはなんの意味も持っていないのである。

　支那でも昔は干葡萄を造ったとみえて、それに葡萄乾の名がある。そしてそれを四方に送り出したのである。また同国では昔既に種子なしの葡萄を見出していて、これを鎖鎖葡萄といった。すなわち今日の Sun-raisins と同じである。実が累々と連なっているというのでたぶん鎖鎖と名づけたものであろう。ここに面白いことは右のレーズン（raisin）の語はもとは、ラテン語の racemus から由来し、このラセムスはブドウの果穂のことである。そしてそれが支那人の鎖鎖の語と一致し、その見るところを同じくしているのはすこぶる興味がある。

日本でも徳川時代に既にブドウの品種にいくつかの変り品があった。すなわち実が淡緑色に熟するものも見られた。また白色に熟するものもあって、これをシロブドウと呼んだ。また長い実のものもあってこれをナガブドウとも江戸ブドウとも称した。また紫色に熟するものをクロブドウといった。

ブドウは草か木かと言ったら木のうちに入る。それはちょうどフジと同じようなものである。つまり灌木の蔓をなしたもので、このごときものを藤本と称する。その幹は褐色で縦に外皮が剝げ、かなりの太さになる。二、三丈の長さに成長し枝を分かち葉を着けて繁茂する。葉は葉柄をそなえてその年に出た枝上に互生し、円く広くて下部は心臓形を呈し浅く分裂して鋸歯がある。葉裏に毛あるものとないものとがあって種類により一様ではない。

ブドウの蔓には巻鬚があって葉と反対の側に出ている。つまり葉と対生しているのである。この巻鬚は強く他物にからみ付き茎をしてよじ登らせる。面白いことはこの巻鬚はじつは茎の変じたもので、これに花が咲いたらそれが花穂になる。つまり花穂も巻鬚も本来は同物であって、ただその発育の度によって異なっているのみである。元来この巻鬚も花穂も茎の頂のものであれど茎の生長の具合でそれが茎の横へ出ているようになっている。この事実はすこぶる面白いことではあれど図でも入れて説明しなくては了解しがたいから、止むを得ずここには省略するが、もしその委曲を知りたいお方は植物学の書に就いてみて下さい。

右のように葉に対して出ている花穂は、その中軸から小枝を分かち、この小枝はまた細枝に分れてそれに淡緑色の有柄小花を多数に綴り房をなしている。いわゆるパニクルで円錐状花穂である。

花には花弁が五枚あって、花が開くときその五枚は特にその頂点でたがいに合着し、その本の方がかえって花托から離れ、しだいに反巻し、あたかも五つに裂けた笠のようになって、そのまま早く落ち去るのである。そうすると今まで花弁の内部にあった五雄蕋があとに残って立っている。そして花の中央には緑色の一子房があって、頂にきわめて短い一花柱が見える。雄蕋の本にはその間に五つの蜜腺があって蜜液を分泌するので、花どきにはお客の昆虫が来集し花中の蜜を吸いつつ、知らずしらず雄蕋の花粉を花柱頂の柱頭に付け媒助してくれるので、そのおかげでブドウの実が立派にできるのである。

花がすむとその受胎した子房が日を追ってしだいに大きくなり果穂が下がり、秋になるとその実が成熟する。ブドウの実はだれでも知っているように、甘い液汁を含んだ漿果で味がよい。そして果内にわずかの緑褐色なやや平たい種子がある。この種子の萎縮してできないものが、かの種なしの干葡萄、サンレーズンスである。

葡萄酒すなわちワインがブドウの果汁で造られることはだれでも知っている。学名なるVitis vinifera L.の種名ヴィニフェラは、葡萄酒を持っている、すなわち葡萄酒が醸し得られるという意味の語である。支那の初唐時代での有名な詩の「葡萄ノ美酒夜光ノ杯、飲マント欲シテ琵琶馬上ニ催ス、酔テ沙場ニ臥ス君笑ウコト莫レ、古来征戦幾人カ回ヱル」はよく人口に膾炙した七絶である。

わが邦で昔葡萄をエビといった。またエビカズラともオオエビともいった。このエビの語はけだし、本は同属のエビヅルから出たもので、このエビヅルはわが邦各地に野生し、ひっきょう葡萄属の一種である。小さい実がなり、黒熟すればよく子供が採って食うのである。かの狩衣などを紫黒色に染め、これをエビ染め、またその色をエビ色というのは、これらブドウの実の熟した色にかたどったものである。

（昭和十八年発行『植物記』より）

ハゼノキの真物

元来わが日本で、ハジノキ、すなわちハゼノキといったものは、今日植物学界でハジノキ、すなわちハゼノキと呼んでいるものではなく、これは同じく、わが植物学界で今ヤマハゼと称えているものである。ひっきょうこのヤマハゼなるものがじつは本当のハジノキ、すなわちハゼノキであらねばならない。

このヤマハゼなるハゼノキは、わが邦の固有種であって諸州の山地にその野生品が見られ、ふつう俗間でも実際にこれをハゼともハゼノキとも呼んでいる。そしてこれぞ古のいわゆるハニシである。この樹はその心材が黄色だから、昔のある時代にはそれで天子の御衣を染めたことがあった。すなわちいわゆる黄櫨染（オウロセン）である。

わが邦では昔支那の黄櫨をわがハゼノキ、すなわちハジノキ、古名ハニシにあてたことがあった。ずっと後の徳川時代になってこの黄櫨はハゼノキとは違っているということに学者が気付いたのであるが、しかしなお今日でもその遺臭が残っていて、ハゼノキに通常櫨の字が用いられてあるがこれはよろしく廃すべきものである。なんとならばこの櫨はすなわちかの黄櫨の略せられたものである。そして黄櫨がハゼノキでないとすれば、櫨もまた当然ハゼノキではない理窟ではないか。

黄櫨という植物はやはりハゼノキ科のものではあれど、その葉は単葉で対生し、わがハゼノキなどの羽状複葉のものとはまったく違ったものである。そしてもとは Rhus Cotinus L. の学名を有していたが、今は分れて Cotinus なる別の属となってその学名 Cotinus Coggygria Scop. と改まっている。そして今わが日本へもその生本が来ている。

ハゼノキの漢名はたぶん野漆樹であろうと思う。そしてそれの学名は Rhus sylvestris Sieb. et Zucc. である。ヤヤハゼはその一名であるが、こんな名は前にはなかったようである。

今日一般にハゼ、またはハゼノキといっているものは、じつはリュウキュウハゼといわねばならないのである。この樹は元来日本の産ではなく、徳川時代に製蠟用のため、琉球から取り寄せて作り始めたものである。爾来それが邦内の諸国に拡まり、今日では到る所でふつうに見受けることとなっている。そして元来は上のように栽植品ではあれど、その実を鳥が食ってその糞を山林へ放下するため、主として海辺近くの山林中によくその自生を認める。しかしこれはもとより本来の野生ではないのである。

このリュウキュウハゼという名は長たらしくて言うに不便なため、ジャガタライモをジャガイモというように、それがいつとはなしに採蠟者などにハゼと略せられて呼ばれるようになり、その実をハゼの実と称え、ついにその称呼が通名のようになり、ひいて世間の学者までがこれに巻き込まれて、それをハゼノキの本物のように誤認するにいたったものである。

このリュウキュウハゼは、蠟を採るに、その実が優秀なので歓迎せられ、したがって速やかにその樹が諸州に伝播したのである。そうなるとその実がこのリュウキュウハゼより劣っているハゼノキ、すなわちいわゆるヤマハゼよりはもはや採蠟せぬこととなって、世人はついにこれを顧みぬように馴致せられたのであろう。けだし右のリュウキュウハゼ（今一般人のいうハゼノキ）の来なかった前には、ハゼノキ、すなわちいわゆるヤマハゼは採蠟のため、たぶん重要な一樹木であったのであろうと想像する。

上のリュウキュウハゼはわが邦へは琉球から来たものとはいえ、しからばそれが琉球産かというと、そうではこれなく、これはけだし支那から同島へ渡ったものであろう。つまり支那から琉球へ渡り、琉球からわが邦へ伝えたものである。そして支那ではこれを紅包樹と称する。

このリュウキュウハゼはなかなか大木となる。私は先年大隅の国鹿児島湾へのぞんだ地方でその老大木の並樹を見たことがあったが、その樹上には無数にボウランが付着していた。いったい九州にはこの樹多く、いたるところにこれを見受けるが、中でも特に筑後の国方面におびただしく、秋時の紅葉はじつにみごとである。ハゼノキ、すなわちヤマハゼもまたむろん紅葉して美麗ではあるが、樹が小さく枝がまだらで葉も粗大なるため疎漫の感があり、一方の、樹大きく枝多く葉の密にして燃ゆるがごとき錦繍をさらす華美にはとてもおよばない。紅葉を賞するためにとこれを栽えてもその甲斐は充分にある。ことに緑樹に隣ってこれを見るのは最もひとしおの好風情がある。

このリュウキュウハゼの学名は Rhus succedanea L. であるが、世の諸学者がこの学名をハゼノキとして用いているのは、そのハゼノキの名を間違えているからである。要するにこれはまさに左のとおり整理せねばならぬものである。

Rhus succedanea L.　リュウキュウハゼ

Rhus sylvestris Sieb. et Zucc.　ハジノキ、ハゼノキ、いわゆるヤマハゼ、古名ハニシ

ハゼノキの語原を考えてみるに、これはたぶんハゼル木、すなわち枝がハソクハジケ折れる木の意味ではなかろうか。実際ハゼノキの枝はいわゆるハソクてハジケ裂け折れやすく、ハゼはハソイ樹であることを子供でもよく知っている。ハソクすなわちハジケルとは脆きことではあるが、しかし柔らかくてボロボロする意味ではなく、折るとパチンとすぐ裂け折れて離れることである。ハジノキも同意味であろう。

古名のハニシはあるいは紅葉の見立ての、葉錦の略せられたものではなかろうか。その実から蠟を採るので埴締(ハニシメ)の略だというのはチト理窟に陥りすぎて面白くないと感ずる。

昭和十五年十二月、大分県別府の寿楽園客舎にて温泉療養をしつつ草す。

〔補〕前文の黄櫨は和名をマルバハゼともケムリノキともまたカスミノキとも呼ばれる。その黄色の心材で黄色を染むることは既に支那の昔の書物にも出で「木黄可染黄色」と書いてある。これは支那ではふつうの灌木で通常丘阜で見られ、枝端の花穂は分枝して花なき多くの小梗を有し、帯紫白色の柔毛を生じており、蓬々として煙のごとくまた霞のごとく、その状他に比すべきもない特異な観を呈している。

アコウは榕樹ではない

アコウはまたアコオギ、アコウノキ、アコギ、アコノキ、アコ、オウギノキ、ミズキ、アコミズキの名もあり、また植木屋方面ではジンコウボクあるいはキャラボク（共にもとより本物ではない）といっている。

さてこのアコウが榕樹でないということはわれらの植物学界ではもはや既に陳腐な説で、今さらこんな問題を持ち出してみてもなんの感興も起こらないが、しかし世間は盲千人、目明き千人の喩えのとおりで、まだ今日でもアコウを榕樹だと思っている朝寝坊がないでもないようだ。外は旭日三竿でも内はまだ燈火がついている所があるようにも感ずる。

里はまだ夜深し富士の朝日影　　江川坦庵

従来わが邦の学者たちはだれもかもみなアコウを榕樹だと信じていた。しかしその時代ではこれは無理からぬことであって、当時支那の書物すなわち漢籍、それは南方草木状、広東新語、嶺南雑記あるいは榕城随筆などを主とし、そのほか種々の文献の記事文章を読んでみるといかにもそのへんがよくアコウと一致するように彼等をして感ぜしめたわけだ。わが邦ではアコウはふつうに見馴れぬ珍しい樹であるので特に学者たちの注意をひき、その樹の形状や生えている具合や葉、ならびに実のようすや、また気根の出る特状などが、どうも榕樹そっくりだというので、そこでついにアコウが榕樹だということになって徳川時代からそれが明治の中期時代ごろまで続いた。そしていずれの書物にもアコウは榕樹なりと出ていてその間だれもその点に疑念を挟まず、またその非も鳴らさなかった。

ところが明治二十八年台湾がわが日本の版図となった時分から同島の植物が検討せらるるようになり、ひいて琉球の植物も注意せられ、また一般植物の分類研究が進んできたので、したがってかの榕樹という木の正体がしかと認識せらるるにいたり、その結果アコウは決して榕すなわち榕樹でないというところに帰着した。

それなら本物の榕樹とはどういうものかと言うと、それはやはりアコウと同属、すなわち無花果属（Ficus）のガジュマル（琉球の方言、よく書物にはガツマルあるいはガヅマルと書いてあれど訛りだといわれる）というものであった。この樹は常緑で四時葉が青々と繁って鬱蒼と蔭をなしており、幹は大木となってそれから鬖々（さんさん）と気根が下がり、まるで褐色の髪のように怪しげに見え、それが地に達すると活着して漸次に柱のごとく成長し、ちょうどかの有名なバンヤン樹と同様な姿を呈する。

その繁茂した樹の下はあたかも大厦のごとくまた堂宇のようで、その中へ多くの人が容ることができる。それゆえ支那ではこの植物の名に木偏に容の字を書いた榕を用うるとのことである。また一説にはその樹の材が不良でなんの役にも立たなく、自然伐られることが容赦せられているのでそれで榕と書くのだともいわれる。

この榕は広くインド、マライ群島ならびに南支那の熱帯地にふつうのもので、ひいては台湾にも多くまた琉球にも生じているが、しかしわが内地まで分布していない。ゆえに従来内地の人はこの榕樹を知らなかった。

この樹は無花果属のものであれどその実（イチヂクと同じく擬果である。その果壁は花穂中軸の変形化したもので、真正の果実はその房内にある）は小さく、とても食えるようなものではない。そしてその学名を Ficus retusa L. と称する。

アコウは右の榕とはまったく別の種であるからしたがってその学名も違い、これは Ficus Wightiana Wall. である。このアコウは一年の間に一度は必ずその葉が散落する。すなわち四月頃新葉が萌え出して同時に旧葉が脱去し、新陳代謝してまもなく常態に復するのである。枝上の葉のなき部分に多数の実が生ずるが、これもまた小さくてあえて食用とするに足らないが、紀州日高の子供はヨウノミと呼んでこれを食すると桃洞遺筆という書物に見えている。この実はそれが地に落ちるとよくそこに苗を生ずることを私は土佐浦戸で実見した。

このアコウもまた広くインドをはじめビルマなどの熱帯地に生ずるが、また香港にも見られ、さらにまた台湾にも琉球にも生じており、それがなお北方に分布し来たってわが日本内地の南部温暖の海岸地におよんでいる。そして台湾ではこれを雀榕、鳥榕、あるいは鳥屎榕と称するとのことである。ときとするとこれに赤榕をあててあることがあるが、これは『閩書南産志』に出ている漢名でその樹は宏大で高く聳え、榕の種類ではあろうけれどもそれが果してアコウかどうか判然しないから、これをこの樹に用うるのはよろしく差し控えるべきである。アコウというから赤榕だと思うのはまったく素人考えである。

アコウは琉球でアコオキというと書物に出ているから、アコウはたぶんそれからきた名であろうと想像するがその意味はよく分からない。この琉球名のことは琉球人に就いて調べたらあるいは判明するであろう。

上に書いたような訳柄ゆえ、アコウを榕樹だということは禁物である。土佐の海岸には諸所にこの樹が生えており、ことにかの室戸岬のアコウ林は有名であるが、従来のようにそれを榕樹と呼ぶことは今日限りフッツリと止めねば、識者のために笑わるるばかりでなく、名実をとり違えるのは無智者のすることである。また学生などにもそんな間違いを覚えさせてはきわめて悪いから、学校の先生たちもすべからくその辺の事実をあらかじめよくのみ込んでおくべきだと思う。

書物によるとアコウの樹に菌が生え、これをアコウバナといいまたオウギタケというとある。菌その形状はシイタケに似て大なるものだという。そして色が白く美味であるとのことである。

類研究者は注意して見るといい。

幡多郡柏島にアコウの大木があって、私は明治十四年の秋幡多郡植物採集のとき行ってこれを見たことがある。同島ではアコギといっていたように覚えている。同島のこのアコウにはなにかいわれがあって、それを前年、寺石正路君が同君の著書中に書いておられたが、今その書名を忘れた。なんでも同島のものは始め他から持ってきて栽えたとのことである。

アコウには土佐方言イタブのイヌビワのように雄木と雌木とがあると思う。雄木では実がなっても早く落ち、雌木では実が熟するまで残っている。タネを播くとよく生えるから、大いに苗木を仕立てだれか一山をこの珍樹のアコウ林にして、南日本、ことにわが海南の地に一等の珍名所を造る珍勇者は土佐にはないかな。それこそ珍名を竹帛に垂るる可能性を持っているが。

（昭和十九年発行『続植物記』より）

椰子を古々椰子と称する必要なし

一

いったい、椰すなわち椰樹（ヤシ）というのは決してPalm類の総名ではなくて、ただそのパーム中の一種の植物のみを呼ぶ一つの固有名詞で、すなわちCocos nucifera L.の学名を有する一種の植物に対する専用名である。ゆえにこの椰、すなわち椰樹、すなわち椰子以外にはこの名を用いる植物はないのである。

しかるに世間では、椰子すなわちヤシといえば、この一類すなわちパーム類の総名のごとく心得、通常温室内で出会うパーム類を見ては直ちにみなそれをヤシだと思っているのは大間違いである。すなわちこれらはパーム類でこそあれ決してヤシそのものではない。ゆえにヤシをパームと同意義に使うは誤りで、世間ではこの誤りをあえてしているものが多く、ときに植物の学者でさえもヤシをパームと同意義のように思い厳格にこれを区別していないのを見受けるが、これは学者として不似合いなことである。

ふつうにヤシと呼ぶのは椰子の字面から来たもので、じつ言えば椰の実（椰子の子は実のこと）であらねばならないわけだが、今日ではこのヤシがその植物を指す名となっている。ヤシは右のようにじつのところは椰の実であるから、その実を指してヤシの実といえば、それを正しく考えれば椰の実の実ということになる。されど今はヤシがその植物の名になっているから、ヤシノミといってもべつにおかしくは感じなく、当り前の名のように受けとられる。要するに本当にこの植物をいうときは、椰あるいは椰樹であるべきで、またその実を指すときが椰子でいい理窟だ。が実際は前に述べたようにわが邦では椰子のヤシがその植物の名となっている。ゆえにその実をいうときはヤシノミといっている。

この椰、すなわち椰樹は洋語で言えば Coconut-palm あるいは Cocoanut-Palm あるいは Coconut-tree あるいは Cocoanut-tree である。そしてそれになる実が Coconut（椰の堅果の意）である。ちなみに言う、世ではチョコレート樹をココアすなわち Cocoa といっていれども、これはカカオすなわち Cacao が本当で、ココアはそれを誤ったものである。

世間もしも、椰すなわち椰樹を指して古々椰子という人があったら（否、今世間にかく書きかつ言っている人がザラにある）、この名は不純な訳名（すなわち Coconut-palm の訳名）であるということを知らねばならない。なんとならば古々椰子といえばその意味は椰の椰すなわちヤシのヤシとなってその名が重複するからである。これは Coconut が元来ヤシの名であるからである。

ヤシにはすでに前からヤシというりっぱな名があるにかかわらず、古々椰子というよけいな不要な名を案出したのはそもそもだれであったか。それは当時大学の教授で今は故人となった三好博士であった。世人はヤシといえばなんでもパーム類、すなわちそれは温室などに栽培してあるその類をヤシと思っているうえに、さらに口調が好いのでたちまちその古々椰子の名が世間に拡まったのであるが、これは前に書いたように無論良い意味を、また正しい理由を持った名でないから、私はこのまずい不徹底な古々椰子の名は廃棄していいと信ずる。そして昔からあるヤシの正称で通した方がずっと好いばかりでなくそれが合理的であると思う。

二

元来椰の意味は支那の学者の説によれば、南支那の人はその君長を爺と称えるので椰の字はたぶん爺の義にとったものであろう、そしてこれはけだしその果実が人頭大のもので、そこで百果中の巨大者であると賞讃し、これを爺になぞらえたものであろうといっている。支那ではまたその果実を越王頭とか胥余とか胥耶とか呼んでいる。そしてどうしてこれを越王頭というかと言うと、『南方草木状』という支那の書物によると「昔、林邑王ト越王ト故怨アリ俠客ヲ遣ワシテ刺サシメ其首ヲ得テ之ヲ樹ニ懸ク、俄カニ化シテ椰子トナル、林邑王之ヲ憤リ命ジテ剖キテ飲器トナス、南人今ニ至リテ之ニ効ウ、刺サレシ時ニ当リテ越王大イニ酔ウ故ニ其漿猶酒ノ如シト云ウ」

と書いてあって、これがその出典である。

前に椰子の学名は Cocos nucifera L. であると言ったが、この Cocos はその属名である。この属中にはいくつかの種すなわちスペシースがあって、椰子はすなわちそのうちの一種である。この属名なる Cocos は猿のポルトガル語であるといわれる。すなわちその果実が猿の面に似ているのでその語を採ってその属名としたものである。また種名の nucifera は「堅果ヲ有スル」という義である。すなわち椰子は堅硬な殻をもっているいちじるしい核果を結ぶから、それでこのような種名をリンネ氏が付けたのである。

また Palm の字を独立に訳するときはよろしく椰子類とか椰樹類とか、あるいは椰類とかすべきもので、これは決して単に椰とか椰子とかまたは椰樹とかすべきものではない。坊間の英和辞書では往々 palm を単に棕櫚と訳してあれどそれは正確を欠いている。今これを棕櫚類とせば別に差支えはないが、単に棕櫚では正しい意味の訳語とはならないのである。

今ここに椰子の形状を略述すれば左のとおりである。

「挺幹は真直あるいは弓曲し単一にして、高さ四十ないし百尺。直径大なるもの二尺あり。円柱形にして表面に落葉の輪痕を印せり。葉は幹頭に叢生し四方に展開し、長さ十八ないし二十尺ばかり。羽状を呈し、その羽片は多数ありて葉軸の両側に並び、狭長にして鋭く尖り、葉柄の下部は広闊にして茎を抱けり。褐色の樱毛ありて幹を繞る。花序は分枝し、その複穂状花穂は長さ六尺、苞は一片ありて強靭、長舟形を呈し、一側縦開す。花は雌雄同株にして花体は細小、花穂の枝上に繁密に付き淡黄色で三萼片、三花弁あり。雄花には六雄蕋を有し、雌花は花穂の枝末に一個ずつ付き、淡緑色にして雄花よりは大。花心に卵形の一子房ありて三室に分れ、その二室は不熟に帰す。一花柱ありて三柱頭に分れたり。果実は大形の核果にして多少三稜をなし平滑なり。核は堅硬にして三面をなし、下に三孔ありて元来三心皮たるを示せり。中果皮は乾燥厚層の繊維質よりなり、種子は一顆ありてその皮薄く、胚乳は白色にして油多し（いわゆる「コプラ」にして椰子瓢という）。その内部空洞にして漿液（すなわち椰子漿）あり。胚は胚乳中にありて核の孔に接せり。」

（『続植物記』より）

である。

椰子は熱帯地にあってきわめて利用の多きパーム類の一種である。その原産地と、そしてそれが広く諸地に拡まった歴史とについてはなお未詳に属すといわれる。それにナリケラ、ナリケリあるいはランガリンなる梵語があるところをもってみれば、インドでも最も古く栽培せられていたことが分かるとのことである。

風に翻える梧桐の実

秋風起こって白雲飛ぶという時節ともなると、アオギリ（幹、枝が緑色だからいう）、すなわち梧桐の種子を着けたその舟状の殻片が、その母枝を離れ翩々（へんぺん）として風に乗じ遠近の地に落ちる。これは珍しいことではないが、それが眼前に落ち散らばっているところを見ると、その殻片がすこぶる大きいだけになんとなく、いまさらながらその認識を新たにすることを禁じ得ない。

私の庭に一本のアオギリがあって、アオニョロリの名のごとくニョロリの緑の直幹を立て、車輻のように枝椏を張り傘蓋のごとく大形の緑葉を着け、亭々として空高く聳立（しょうりつ）していて、それにふさふさと多くの実を群着し垂れ下がっている。

九月のなかば過ぎにもなると、その開いた蓇葖（こつとつ）（Folicle）の殻片がちぎれて落ちて地面に散乱している。殻片の両縁に皺のある（始めは平滑なれど）豌豆（えんどう）大の大粒種子が一、二顆ずつ付いているが、それが後に殻片から離れて地に委し、来春そのところに闊大な子葉をひろげた仔苗を萌出させる。ゆえに私の庭にはそこここに多くのアオギリ苗が生えている。もしこれをそのままに放棄しておくとすると年ごとにその仔苗が殖えて生長し、ついには私の庭はアオギリ林になってしまうであろう。

アオギリの殼片は各五枚ずつ集まっているが、それが車のように開いており、そしてその舟のような剛質の各殼片はその凹い内面を下にして枝端の果穂に付着している。ゆえにたとえ雨が降ってもその殼片へは水の溜まる憂いはない。まもなくこれが吹き来る風のためにその基部の柄がちぎれると、同時にその凹い内面へ充分にその風を孕んでヒラヒラヒラと、あるいは近くあるいは遠くへ運ばれる。それが地面へ落ちるとその種子の重みによってその殼片が、多くは背面を上にして下を向き俯伏せになっているのは、そのところに大いに意義の存する点がみられる。すなわちこの姿勢だと、その殼片から種子を地面に離し落とすには都合がよいからである。天然はなかなか用意周到なもんだ。なかなか巧妙至極なもんだ。

アオギリはこのように生えやすく、また容易に生長して太りやすいから、もしも人があってアオギリの林を造りたければそれは造作もなくできる。がしかし、そんな物好きなことをした人はなかろう。国によっては、今日アオギリの自然的となっている林を天然記念物として保護しているが、これらはじつはわが国古代からのものではなくてずっと後にできた林である。元来このアオギリはわが国固有な土産植物ではなく、これはある時代に支那から来たものである。そして海辺付近の地が彼らには適処とみえて、そんな処によく生活し繁茂している。もしもそのところに一本のアオギリがあれば、その実の種子によってどの近傍にそれが殖えゆくことはわけのないことである。ゆえにその林をつくるもまたなんらの面倒はない。しかるにこんな生えやすいものであるにかかわらず、また種子も風で撒布せられやすいものであるにかかわらず、これが日本全国的に山地に拡がらないのは、元来本品は土産植物でないからなにかそのところに具合の悪い原因があるのではないかと考えられる。それでなければこのアオギリが日本へ入って来た後だいぶの年数を閲（けみ）して来ているのであるから、とっくに全国的（人の栽培したものは別として）に拡がらねばならん理窟だのに。

アオギリはふつうは庭木となっていることはだれもの見ているとおりであるが、この樹の皮繊維質で舟の綱を造ることができ、水にすこぶる強いといわれる。またその種子はあぶりて食用になる。

かの鳳凰の止まったといわれるキリは、紫色花が咲き材が下駄になるふつうのキリではなくてこのアオギリの梧桐である。よく日本人の描いた絵にはふつうのキリに鳳凰が伴っていれども、それは無論誤りであるから絵かきサンはよく心得ていなければならない。

（昭和三十一年発行『植物学九十年』より）

ナンジャモンジャの木

明治の中頃のことであったが、私はその頃まだ東京大学の学生だった池野成一郎とふたりで、青山の練兵場に生えていたナンジャモンジャの木の花を採集しようということを話し合い、これを採集にでかけたことがあった。

そのころ、青山練兵場は陸軍の管理地であって、その中に勝手に入ることは許されていなかった。そこで、夜中に採集を強行することにした。

私たちは人力車夫を傭ってきて練兵場の中に入り込んだ。私たちはナンジャモンジャの木の花を採集するのが目的だったが、なにぶん木が高くて、登らにゃ採れんので、人力車夫に頼んで木に登らせ、その花枝を折らせた。

夜中で、人が見ていなかったから自由に採集できたが、昼間ではとてもできない芸当だった。それにそのころは練兵場も荒れていたので、自由に行動できた。

それに私たちは、学術資料を採るのだからたとえ見つかっても、それほど罪にはなるまいと考えていた。

このナンジャモンジャの木は、その後すっかり有名になり大事にされるようになったが、寿命が尽きて枯れてしまった。

私はこの時の戦利品であるナンジャモンジャの花の標品を、今なお私の標本室の中に保存して持っているが、今では得難き記念標品となってしまった。

ナンジャモンジャとはそもそも、どんなもんじゃというと、それはこんなもんじゃと持ちだされるものがいくつもある。

ナンジャモンジャという名をきくと、得体の知れぬもののようにみえるが、決してそんなもんじゃない。ナンジャモンジャの木とよばれるものには、正真正銘のナンジャモンジャもあれば、また喰わせものにせのナンジャモンジャもある。

まず第一に、にせのナンジャモンジャは、東京青山の練兵場にあったもので、本名をヒトツバタゴという。この木は天然記念物として保護されたが、今では枯れてしまった。

この木は中国、朝鮮に多い樹であるが、日本にはきわめて稀である。それが青山練兵場に大樹になって存在したのはすこぶる珍しい。往時、だれかがどこからか持ってきて、ここに植えたものにちがいないが、まあよく無事に生きのこっていたものじゃ。この木の立ったところを、昔は六道(ろくどう)の辻(つじ)といったそうだ。それでこの木のことを一つに六道木(ろくどうぼく)ともいったもんじゃ。以前はこの木はナンジャモンジャとはいわなかったが、その後だれかがそういいだしたので、今では学者先生でもそれにつり込まれて、ナンジャモンジャとよんでいるのはいささか滑稽だ。中国ではこの木は炭栗樹と称する。白紙を細かく切ったような白い花が枝に満ちて咲く。

第二のにせのナンジャモンジャは、常陸の筑波山にある。これはアブラチャンという落葉灌木で、山林中の平凡な雑木にすぎない。

第三のにせのナンジャモンジャは、ヤブニクケイの一変種であるウスバヤブニクケイという木である。肉桂に近いものであるがあのような辛味と佳い香りとがない。この木は、四国、九州辺には気候が暖かいせいかよく繁茂している。

第四のにせのナンジャモンジャは紀伊の国の那智の入り口にあるといわれている。これはシマクロキともいわれ、ネズミモチに似た木だといわれるが、私はまだ見たことがない。実物を見れば、すぐ分かると思うが残念である。

第五のにせのナンジャモンジャは、カツラである。この木は伊豆の国、三島町の三島神社境内にあって、俗にナンジャモンジャとよんでいる。昔、将軍家よりおたずねの節、これをナンジャモンジャとお答えしたとかいう伝説がある。

第六のにせのナンジャモンジャは、イヌザクラである。この木は武蔵の国、比企郡松山町箭弓街道際の畠中にある。周囲に石の柵をめぐらして碑がたててある。

第七のにせのナンジャモンジャは、バクチノキだといわれている。

このほかにも、まだ詮索すれば、いくつかにせのナンジャモンジャが出てこんとも限らない。まずまずこれで、贋造のナンジャモンジャが済んだ。これからが本尊のナンジャモンジャの番じゃ。本物のナンジャモンジャはいったい、どこにあるのじゃ。それは東京から丑寅（うしとら）の方角に当たって、すなわちそこは大利根の流れにのぞむ神崎（こうざき）である。

神崎は千葉県下総の香取郡にある小さな町で、利根川の岸にある。佐原の手前、郡駅で汽車を降り、少しく歩くと神崎である。

利根川には渡しがあって、往時江戸から鹿島へ行くときここを通ったもんじゃ。この渡しを上るとすぐ神崎の町で、町のうしろに川に臨んでひょうたん形の森があって、木がこんもりと林をなしている。この林の中に神崎神社の社殿がある。

この神社の庭に、昔から名高い正真のナンジャモンジャの木が立ってござる。以前にはそれが森の上にぬっとそびえて天を摩し、遠くからでもよく見えていたことが、赤松宗旦の『利根川図志』に見られる。

今から何年か前にこの神木に雷が落ち、雷火のために神殿とともに焼けて枯れた。一説には乞食が社殿の床下で焚火をした不始末だとも言われている。ところが、幸いなことには幹は死んだが、その根元から数本のひこばえがでて、今日では枯れて白骨になった親木（上の方は切り去ってある）を取り巻いてよく育ち、緑葉榛々（しんしん）たるありさまを呈している。

先年、池松時和氏が千葉県知事であった当時、たいそうこのナンジャモンジャを大事がり、新たに石の玉垣を造ってこれを擁護したので、今は新築の社殿の脇に勿体らしくその姿を呈わし、風雨寒暑をしのいでこのようによく繁茂しているのである。

このナンジャモンジャの正体は元来なんであるかというと、それは疑いもなくクスノキである。なんらふつうのクスノキと変りはない。このクスがどうしてこの辺でそう珍しく認められたかというと、いったいこの地方は暖地でなく、かつ利根川の流域は土地が低く、湿っているので、わが国西南地方におけるようにそうひんぴんとその大木を見かけないので、特に注意をひいたものではないかと想像する。

口碑に伝うるところでは、このナンジャモンジャの名は水戸の黄門公がお付けになったのだといわれている。してみると、その名のできたのはそう古いことではなく、徳川四代将軍家綱の時代で、今からざっと三百年ほど前のことであろう。

喜多村信節(のぶよ)の『嬉遊笑覧』に、

ナンジャモンジャ俳諧葛藤、下総から崎の岸に舟をよせ、ナンジャモンジャの木を尋ねて何若葉自問自答の郭公。ナンジャモンジャといふものに二種あり。ここにいふは樟の木なり。又同国に太一余粮ある処あり、これをもナンジャモンジャといふとなり

と出ており、これを樟の木というは正しい。また、高田与清(ともきよ)の『鹿島日記』には、

十九日（文政三年九月）、雨、わたしを渡りてかうさきの神社にまうづ、社の前にナンジャモンジャ
とよぶ大樹あり、いと年へたる桂の木なりけり

と書き、

神代よりしげりてたてる湯津桂（ゆつかつら）さかへゆくらむかぎりしらずも

の歌が添えてある。しかし、このナンジャモンジャをユツカツラにあてるのは非で、ナンジャモンジャは前にも言ったようにまさにクスノキそのものである。

また、同人の『三樹考』には、

下総の国、香取の郡神崎の神社に、ナンジャモンジャといふ木あり（何ぞや物ぞやの訛なり）、
これもヲガタマの一種也

と出ているが、しかしこの書のオガタマは、今日いうオガタマではなく、クスノキ科に属するヤブニクケイ、シロダモ、タブノキの三種の総称名である。しかしこれはむろん見当違いだ。

清水浜臣の『房総日記』には、

神木とてめぐり四丈にあまる大木有土人はナンジャモンジャといふ、そは百年ばかりのむかし、水戸中納言殿のこのみやしろにまうで給ひしをり、処のものらに此木の名をとはせ給ひしに、人々とかくさだめかねて何ならん物ならんとあらそひしより、かくは名づけしとぞ、まことは八角茴香なりとかや

とあって、これは今より百数十年前の文化十二年四月二日の記事の一節であるが、これを八角茴香（ウイキョウ）とはどこから割りだして、こんなとてつもない名を持ち出したものかわけが分からん。元来、八角茴香とはシキミ属の大茴香のことで、ナンジャモンジャとはなんの縁もなく、それこそナンジャモンジャモナイモンジャだ。

なお、『利根川図志』には、このナンジャモンジャについての記事があるが、今ここにはそれの評記を省略した。というのは、この書が今たくさんなわが蔵書の中へまぎれ込んでちょっと手もとへ出てこんので、いたし方なくそれについてはここへ何も書かなかった。がしかし、この書にナンジャモンジャのことを、「山桂一種」とあるのは真相を得た名ではない。

このように、ナンジャモンジャのことはこれで解決した。とにかくこの神崎のナンジャモンジャは一度は見ておいてよいもので、この本当のナンジャモンジャを知らない人は、ナンジャモンジャを談ずる資格のない者じゃ。この本家本元のナンジャモンジャを見物に、一日の清遊を同地にこころみるのもまた一興ではないかと思う。東京の両国駅から、ゆうに日帰りに行くことのできるところだ。

私は、このようにナンジャモンジャについてその委細を記述し、神崎神社の神庭に立てるその真物を世間に発表したことにつき、同社の神官はいたく喜び、その後私が同地に到りし時、当時新たにそのナンジャモンジャの神木に接近して建てた社務所に特別に招待して、わざわざ山下の酒造家寺田家（主人は憲氏）から結構な夜具を運び込み、一夜をその神木と一間くらいの隣に近く宿らせてくれた。私はまことにありがたく、かつ恐縮し、つつしんでその優遇を感謝したことがあったが、今追想するとこれももはや二十年ほどもむかしのことになった。

（昭和三十一年発行『草木とともに』より）

茱萸はグミではない

日本の学者は昔から茱萸をElaeagnus属のグミだと誤認しているが、その誤認を覚らず今日でもなおグミを茱萸だと書いているのを見るのは滑稽だ。昔はとにかく、日新の大字典たる大槻博士の『大言海』にも、依然としてグミを茱萸としているのはまったく時代おくれの誤りで、グミは胡頽子でこそあれ、それは決して茱萸ではない。仮に茱萸が山茱萸の略された字であるとしても、その山茱萸は決してグミでなく、たとえその実がグミに似ていてもグミとはまったく縁はない。しかも正しくいえば、茱萸は断じて山茱萸の略せられたものではなく、そこに茱萸という独立の植物が別にあってそれが薬用植物で、支那の呉の地に出るものが良質であるというので、そこでこれを呉茱萸と呼んだものだ。すなわちマツカゼソウ科（すなわちヘンルーダ科）のEvodia属のもので、その果実は決してグミの実のような核果状のものではなくて、植物学上でいうFolicleすなわち蓇葖（こつとつ）である。そしてそれは乾質で決して生で食べるべきものではなく、強いてこれを食ってみると山椒の実のように口内がヒリヒリする。陳淏子（チンコウシ）の著『秘伝花鏡』の茱萸の条下に「味辛辣如レ椒」と書いてあるとおりである。

この茱萸、すなわちいわゆる呉茱萸は、Evodia rutaecarpa *Benth.* の学名を有する。しかし呉茱萸の主品はたぶん Evodia officinalis *Dode* であろう。そしてこの Evodia rutaecarpa *Benth.* と Evodia officinalis *Dode* との両種をともに呉茱萸と呼び、そしてこの二つがともに茱萸であるようだ。学名のうえでは截然と二種だが、俗名の方では混じて両方が茱萸となっている。とにかく茱萸は Evodia 属のもので決してグミ科のものではないことを心得ていなければ、茱萸を談じ得る人とはいえない。

『大言海』のグミの語原は不徹底しごくなもので、決してその本義が捕捉せられていない。すなわち正鵠（せいこう）を得ていないのだ。いったいグミとはグイミの意で、グイミとは杭の実の義でこの杭は刺（トゲ）を意味し、そして刺は備前あたりの方言でグイといわれ、クイ(杭)と同義である。すなわちグイミとは刺の実の意でそれはそれの生る胡頽子すなわち苗代（ナワシロ）グミの木に枝の変じた棘枝が多いからである。そしてそのグイミが縮まってグミとなったものであるが、この説は従来まだだれもが言っていない私の考えである。例えば土佐、伊予などでは実際一般にグミをグイミと呼んでいる。

茱萸をグミだと誤解している人達は、さっそくに昨非を改めて、人の嗤い笑うをふせぐべきのみならず、よろしくその真実を把握して知識を刷新すべきだ。

前に書いたように茱萸はすなわち呉茱萸で、その実の味はヒリヒリするものであって、薬にはするが、あえて果のように舐め啖（くら）うべきものではない。支那では毎年天澄み秋気清き九月九日重陽の日に、一家相携えて高所に登り菊花酒を酌み、四方を眺望して気分をはれやかにする。また携えていった茱萸（呉茱萸）を投入した茱萸酒を飲み、邪気を避け陰気を払い五体の健康を祈り、一日を楽しして山上に過ごして下山し帰宅する習俗がある。

次の詩は支那の詩人が茱萸を詠じたものである。

独在異郷為異客　毎逢佳節倍思親
遙知兄弟登高処　遍挿茱萸少一人
手種茱萸旧井傍　幾回春露又秋霜
今来独向秦中見　攀折無時不断腸

昔支那から来た呉茱萸が、今日本諸州の農家の庭先などに往々植えてあるのを見かけるのはあえて珍しいことではない。樹が低く、その枝端に群集して付いている実は秋に紅染し、緑葉に反映して人の眼をひく。すなわちこの実には臭気がありそれが薬用となる。ところによっては民間でその実を風呂の湯に入れて入浴する。日本にあるこの樹はみな雌本で雄本はない。ゆえに実の中に種子ができない。これは挿木でよく活着するだろう。

（ここより二十四篇、昭和二十八年発行『植物一日一題』より）

パンヤ

わが国従来の学者はインドのパンヤ（Panja）を、木棉樹すなわち斑枝花（Bombax Ceiba *Burm.* = *Bombax malabaricum* DC.）だと思い、書物にもそう書いてあるのだが、しかしこのインドのパンヤはそれではなく、これはその近縁樹のインドワタノキ（印度棉ノ木）一名カボック樹（Eriodendron anfractuosum *DC.* = *Bombax pentandrum* L.）のことである。従来わが国の学者はインドのこの樹をよく知らず、ただ相類し、棉の出る実も相似ているから、多少斑枝花の知識もあったので、これを間違えたものである。つまり一を識って二を識らなかった罪に坐したわけだ。次にさらにこれを判然させてみよう。

パンヤ

Eriodendron anfractuosum *DC.*

（= *Ceiba casearia* Medic.）

（= *Bombax pentandrum* L.）

（= *Ceiba pentandra* Gaert.）
（= *Xylon pentandrum* O Kuntze.）
（= *Bombax orientale* Spreng.）
（= *Eriodendron orientale* Steud.）
（= *Eriodendron occidentale* Don.）
（= *Bombax guineense* Schm. et Thoun.）
Panja ; Pania ; Panial ; Panja baum.
Kapok ; Kapok-tree ; Kapok baum ; Ceiba ; Pochote.
カボック樹、インド棉ノ木、白木棉（シロキワタ）
（分布）インド、セイロン、南米、西インド、熱帯アフリカ？

非パンヤ

Bombax malabaricun *DC*.
（= *Salmaria malabarica* Schott.）
（= *Bombax ceiba* Burm.）
（= *Bombax heptaphylla* Cav.）

（= *Gossampinus rubra* Ham.）

Cotton tree ; Silk cotton tree ; Red silk cotton tree.

木棉、木棉樹、棉、斑枝樹、攀枝花、攀支、斑枝花、海桐皮、吉貝、キワタ、ワタノキ

（分布）インド一般、熱帯東ヒマラヤ、セイロン、ビルマ、ジャバ、スマトラ、琉球（植）

右にてインドのパンヤがどの樹にあたっているかが明らかによく分かるであろう。したがって従来のわが学者の誤認もまた一目瞭然であろう。

日本で最大の南天材

今からまさに四十七年前の明治三十九年（1906）八月に滋賀県の人々の主催で、近江伊吹山植物講習会が開かれ、四方から雲集した講習員は約三百名もあった。そしてこの会に講師として招から東京から赴いた私は、伊吹山下の坂田郡春照村での一旧家、的場徹氏の邸に宿した。そのとき同家の庭へ突き出た建物の側に、きわめて巨大な南天があって繁茂しているのを見、その樹容の長大で勇偉なのに驚歎し、これぞまさに日本一の大南天であって、かの京都の金閣寺の南天の柱などはこれに比べれば小さくて顔色のないものだと賞讃した。

それより早くも十七年をへた大正十二年（1923）九月一日の、関東大震災に先だつこと数年前に、その南天の枯幹が的場家の家屋修繕の際に倒れて枯死した由で、はからずも江州春照村の原地から東京丸ノ内の報知新聞社代理部へ持ちこまれた。当時これを八百円で売却したいと唱えていた。そのときはちょうど欧州大戦後であったので成金目当てにこんな値段を吹いたものであろう。私はこのときその写真を撮っておいたが、それが昭和十一年四月発行の『牧野植物学全集』の口絵に出ている。その後この幹が他所へ移され、なんでも東京朝日新聞社の代理部の方へ回ったと聞いたようだが、その後その行先きがどうなったか私には分からなくなった。そしてそれが東京のだれかの家にあったとしたらあるいは大震災で焼失したかもしれないが、幸いにそれが無事だったとしても、あるいは今回の大戦火で烏有に帰したであろう。もしまた東京に置いてなかったならいずれかのところにあるのかも知れないが、今日ではまったくこの南天大木の消息は分からない。もしも万が一どこかに無事に残存していたら、きわめて珍重すべきものたることを失わない。敗戦で日本はだいぶ狭くはなったが、それでもなおなかなか広いから、どこかの国にあるいは右に優る巨大なものがないとも断言はできない。

上の南天巨幹はその根元から七本に分れ、その中の最大の主幹は株元から曲尺二尺一寸五分ばかりの辺に最下の一枝があり、根元から五寸ばかりのところは周り八寸あって、そして幹の全長は一丈四尺五寸あった。

今日、右とは別に私宅にも一本の巨大な南天の材が保存せられてある。長さは上述近江のものにはおよばないが、太さは根元から八寸ばかりのところで周囲まさに九寸を算するから、右近江のそれよりも一寸多い（しかし最下の方はやや小さくなっている）。してみると、これは近江のものより少々優越していることになる。私は大正十二年（1923）八月にこれを備後三原町南方の在で得たが、当時一漁民の家の庭に一叢の南天が繁っていて、その叢中にこの一本の巨幹がまじっていた。そこでさっそくその持主に乞うてこれを伐り、東京のわが家に携え帰って、今日なお秘蔵しているものである。これぞすなわち今私の知り得る範囲では最大な南天の巨材である。

京都の嵯峨に佐野藤右衛門という植木屋の老人があって、植木のことにはまことに堪能であった。そして特別にサクラを愛して多くの種類を園中に集めていた。あるとき巨大に成長した南天の話をしたら、この老人の言うには、南天の種子をきわめて多量に播いてたくさんその苗を仕立ててみると、その中には群をぬいて特に大形に育ちくるものが一、二本はある。総じて南天は叢生する天性があるのだが、この大きくなる苗は常に一本立ちになっているとのことであった。

根笹

根笹（ネザサ）は何度刈っても幾度刈ってもいっこうに性こりもなく、後から後からと芽立ってきて仕方のないもので、庭でも畑でもじつに困りものの一つである。いったい根笹にかぎらず竹の類はみな同様である。

なぜそうつぎからつぎからと出てくるのか。それは用意された芽が無数にあるからである。すなわちその地下茎（いわゆる鞭根）でも、またそれから分れた枝でも、さらにまたそれから地上に出た幹枝でも、みなその多くの節には必ず一つずつの芽を持っていて、ふだんは何年間も眠っているのだが、時いたればたちまち萌出する。だからいくら先の方、上の方を伐りとっても、すこしもひるまず続々と出てくるので始末におえなく、まことに根強い繁殖の方法をとっているが、つまるところあらかじめ用意された芽が非常に豊富だからである。竹の節には地下部と地上部とを問わず、その節のあらんかぎりにみな一つずつの芽を用意している。すなわち節が十あれば芽が十、節が百あれば芽が百、また節が千あれば芽が同じく千あるのである。まことにもって力強い竹類笹類ではある。

ほかの竹も同じように、マダケ、ハチク、モウソウチクの、地下茎すなわち鞭根には節ごとに必ず一つの芽が用意せられてあるが、毎年出る筍はわずかの数しかなく、他の芽はみな眠りこくっている。もしその予備せられてある芽がことごとく萌出したなら無数の筍がノコノコノコノコと出るわけだ。が、しかしその鞭根は年々歳々ほんの少しばかりずつ経済的に筍の小出しをやっているのである。

ヤダケ、メダケなどの稈は、根元からその各節に芽が用意せられてあるが、しかしそれが枝になるのは梢部であって、中途から下には通常枝が出ずにいる。しかるにもし根元の節の芽もいっせいにみな芽立って枝となったとすれば、その株元から上は枝葉が繁茂してすこぶる鬱蒼たるものになるに相違ない。

モウソウチクの稈は他と違って中部以下の節には芽の用意がない。

サネカズラ

『後撰集』の中の恋歌に、三条右大臣の詠んだ「名にしをはゞあふ坂上のさねかづら人に知られで来るよしもがな」というのがあって人口に膾炙している。そしてこの逢坂山（昔は相坂とも、合坂とも書いた）は元来山城と近江との境にあって東海道筋に当たり、有名な坂で昔の関所の旧蹟であるが今日では近江分になっている。そのかみここに蟬丸という盲人が草庵を結んで住み、かの有名な「これやこの行くも返るも別れては知るも知らぬも逢坂の関」という歌を詠んだということが言い伝えられている。

さて上の歌に詠みこまれてあるサネカズラとはいったいどんなものか。すなわちこのサネカズラは実蔓（サネカズラ）の意でその実が目だって美麗でいちじるしいから、それでこのような名が呼ばれるようになったのだ。その実の形はちょうどかの生菓子のカノコに似て、その赤い実が秋から冬へかけその長梗な蔓から葉間に垂れ下がっている風情、なかなかもって趣のある姿である。これがときに岡の小藪で落葉した雑樹にかかって見られるが、また往々その常緑葉を着けた蔓をまとい付かせて里の人家の生籬に作られ、そこを覗いてみるとよくその赤い実が緑葉の間に隠見している。

この実は雌花中の雌蕋の花托軸がふくらんで球形となり、その球面に多数の子房の成熟して赤色をなせる球形多汁の漿果が付着しているのである。そしてこの蔓の枝に雄花と雌花とが出てその花は黄色を呈している。蔓は右巻きの褐色藤本で、そのよく成長したものは根元の太さ周囲九寸、根元から一尺五寸ばかり上のところで周囲五寸六分のものがあった。その外皮は軟質のコルク層がよく発達し手ざわりが柔らかく、かつ蔓面は縦に溝ができて、溝と溝との間が畦となっている。

　このサネカズラは昔それをサナカズラといったとある。そしてその語原は滑リ（ナメ）カズラの意で、サは発頭語、ナは滑リ（ナメ）であるといわれ、このサナカズラが音転してサネカズラとなったとのことであるが、私はその解釈がはなはだややこしく、かつむつかしく、そしてシックリ頭に来なく感ずる。しかしそうするとサネカズラの語原が二つになって、始めに既に書いたように、その一は実（サネ）を元とする語原、その二はサナカズラを元とする語原となる。今私の知識からみだりに考えた愚説では、それはおそらくサネカズラが古今を通じた名であって、それがナニヌネの五音あい通ずる音便によって昔どこかでサナカズラと呼んでいたのではなかろうかと、推量のできないこともあるまいように感ずる。宗碩の『藻塩草』の「さね木の花」（サネカズラの事）の条下に「さねきさなき同事也」と書いてある。

　サネカズラには美男蔓（ビナンカズラ）の名がある。これにこんな名のあるのはその嫩い枝蔓（エダカズラ）の内皮が粘るから、その粘汁を水に浸出せしめて頭髪を梳るに利用したからである。これは無論女が主にそうしたろうから、美女蔓の名もありそうなもんだがそんな名はなく、美人ソウの名のみがある。市中の店にビナンカズラと称えて、木材を薄片にしたものを売っていたが、これはたぶん支那から来たもので同国でいう鉋花であろう。すなわちクス科タブノキ属 Machilus の一種で支那に産する、たぶん楠（クスノキではない）すなわち Machilus Nanmu *Hemsl.*（今は Phoebe Nanmu *Gamble*）ではなかろうか。そしてこの樹は日本には産しない。しかしタブノキの材を代用すれば多少は効力がありはせぬか。このタブノキの葉は粘質性でそれを利用して線香をかためる。

上のサネカズラの和名のほかに、この植物には上に書いたビナンカズラとビンツケカズラ、トロロカズラ、フノリ、フノリカズラ、ビナンセキ、ビジンソウなどのとなえがある。江州ではこの実の球をサルノコシカケと呼ぶとのことだ。それはブラブラと下がっているその球へ猿が来て腰を掛けるとの意であろうが、それはすこぶる滑稽味を帯びてその着想が面白い。

このサネカズラの属名を Kadsura と称するが、これは今から二百四十年前の西暦一七一三年に刊行せられたケンフェル（Kaempfer）氏の著『海外奇聞』（Amoenitatum Exoticarum）に Sane Kadsura（サネカズラ）とあるのから採ったもので、これにズナル（Dunal）氏が japonica なる種名をつけて Kadsura japonica *Dunal* の学名をつくったものだ。

従来わが国の学者はサネカズラを南五味子といっているが適中していなく、これは Kadsura

chinensis *Hance* を指しているのである。また古くはこのサネカズラを五味子とも称えているが、これも無論誤りである。そしてこの五味子はチョウセンゴミシ（朝鮮五味子の意）で Schizandra chinensis *Baill* の学名を有するものである。これはただ朝鮮ばかりではなくわが国にも自生がある。例えば富士山の北麓の裾野にはことに多い場所がある。

玄及という漢名は五味子（チョウセンゴミシ）の一名であるから、これを『倭漢三才図会』、『訓蒙図彙』にあるようにサネカズラにあてるは非である。すなわち玄及はまさにチョウセンゴミシである。

日本のシュロは支那の椶櫚とは違う

椶櫚はまた棕櫚と書きまた栟櫚とも書いてある。すなわち温帯地に生ずるヤシ科すなわち椰樹科の一種で樹に雄木と雌木とがある。陳淏子の『秘伝花鏡』には「木高廿数丈、直ニシテ旁枝ナク、葉ハ車輪ノ如ク、木ノ杪ニ叢生ス、粽皮アリテ木上ヲ包ム、二旬ニシテ一タビ剝ゲバ、転ジテ復タ上ニ生ズ、三月ノ間木端ニ数黄苞ヲ発ス、苞中ノ細子ハ列ヲ成ス、即チ花ナリ、穂亦黄白色、実ヲ結ブ大サ豆ノ如クニシテ堅シ、生ハ黄ニシテ熟スレバ黒シ、一タビ地ニ堕ル毎ニ、即チ小樹ヲ生ズ」と書いてある。

日本のシュロは古くはスロノキといったことが、深江輔仁の『本草和名』に出で須呂乃岐と書いてある。これは日本の特産ではあるが今日ではその純野生は見られないが、しかし昔はあったものと思われる。そしてその繁殖の中心地はまさに九州であったろうと信ずべき理由がある。

日本シュロすなわちいわゆる和ジュロの学名は Trachycarpus excelsa *Wendl.*（= *Chamaeropus excelsa* Thunb.）であるが、支那の椶櫚の学名は Trachycarpus Fortunei *Wendl.*（= *Chamaeropus Fortunei* Hook. fil.）である。私はさきにこの二つを研究した結果、これを同一種すなわち同スペ

シースであると鑑定し、この支那の椶櫚を日本シュロの一変種と認め、その学名を改訂しこれを Trachycarpus excelsa *Wendl.* var. Fortunei *Makino* として発表したが、これは北米 L. H. Bailey 氏の支持を得て、同氏の Manual of Cultivated Plants（1924）にもそう出ている。そしてこれがいわゆるトウシュロ（唐椶櫚の意）であって、今日本の庭園でも見られるが、それは前に支那から渡来したものである。そして支那には日本のシュロはない。

椶櫚は元来支那産なる右のトウシュロそのものの名であるから、厳格にいえばこれを日本のシュロの名として用いるのはもとより正しくない。そして日本のシュロには漢名はないわけだ。日本のシュロの名はもとは椶櫚の字面から出たものではあるが、無論椶櫚そのものではない。

日本のシュロは和ジュロと称え、上に書いたようにこれをトウシュロと区別する。今これをトウシュロに比べれば、和ジュロは稈の丈高く、葉は大にしてそのよく成長したものは、その葉面の長さ六十七センチメートル、横幅百一センチメートル、裂片の広さ四十四ミリメートルに達することがある。そしてその裂片は多少ふるくなったものは途中から下方に折れて垂れる特徴があるが、トウシュロの方はいったいに和ジュロよりは小形で、葉の裂片はいつもツンとしていて折れ垂れることがない。津山尚博士が示さるるところによれば、トウシュロの葉の背面基部に針のような二本の付飾物が生じて葉に沿って存在している事実があるが、和ジュロの方にはそんなことは絶えてない。そしてこの事実はまったく津山君の発見である。

ノイバラの実を営実というわけ

ノイバラ（Rosa multiflora *Thumb.*）の実は小形で小枝端に簇集して付いていて、秋に赤熟する。採ってこれを薬用とするがその名は営実といわれている。梁の陶弘景という者は「営実即薔薇子也」といっている。

明の時代の学者である李時珍は、その著『本草綱目』巻之十八、蔓草類なる墻蘼（薔薇）すなわちノイバラの〔釈名〕の項で時珍の言うには、「其子成簇而生如営星然故謂之営実」とある。そうするとこのノイバラの実が簇生していてそれが営星のようだからそれでその実を営実というのだとの意味である。なおこの実については時珍はその集解中で「結子成簇生青熟紅」と書いている。

私はこの営星という星が解らなかったので、さきにこれを斯界の権威野尻抱影先生にお尋ねしたことがあって、同先生からていねいな御返書を頂戴したが今ここにはそれを省略する。

頃日友人の理学士（東大理学部、植物学出身）恩田経介君から次の書信を落手し、この営星について同君の披瀝せる見解を知ることができたので、ここに君の書信（昭和二十一年八月二十一日発信）

の全文を披露し紹介する。

先頃参上いたしました節、ノイバラの実を営実といふが、営実とは星の名から由来したものだが、営星とは、何星にあたるか、分らないとのお話を承りました。それを想ひ出して只今本草綱目を見ましたら

……如営星故謂之営実

とあり、営星の如くとあるから営星は紅色の星だらうと想像し、紅い星は火星だらうと見当をつけ、火星は支那では何といふかと調べて見ましたところ、熒惑（ケイコク、よくケイワクと誤読するものと言海にも国語大字典にもあります）（牧野いう、惑は元来漢音がコク、呉音がヲクで同音の或という字と同じくもとよりワクという字音はないのだが、わが国昔からの習慣音としてこれをワクといっている。ゆえに迷惑、惑溺、惑乱、惑星はじつはメイコク、コクデキ、コクラン、コクセイが本当だけれど、今これをメイワク、ワクデキ、ワクラン、ワクセイといわないと世間に通じない。また或問もワクモンとしないとコクモンでは同様通じない。またクキの茎には本来ケイという字音はなく、漢音はカウ、呉音はギャウだけれど、今世間では日本在来の習慣に従って通常ケイと呼んでいる始末だ）というのだとあります。支那の学生辞典にも「熒惑行星名即火星也」とあり、日本の模範英和辞典にも Mars の訳に熒惑、火星とあります。それで熒の字を康熙字典で見ますと熒のところに、熒惑、星名……察剛気以処、

熒惑亦作営とあり、営のところには、営与熒通、熒惑星名亦作営とありました、それで熒星と営星とは同じもので何れも火星のことだとわかりました、猶ほ漢和大辞典（小柳司気多）の惑の字のところに熟字の例として熒惑、営惑といふのがあがってゐます。

以上のものだけでも私の想像した営星は紅い星だらう、紅いのは火星だらうから営星とは火星のことだらうといふことが中ったやうな気がいたします。『営即営星は熒惑即火星なり』としてはいかがでせう。

これはまことに啓蒙の文であるのみならず、あまつさえ同君快諾のもとにこの拙著のページを飾り得たことを欣幸とするしだいだ。

ゴンズイと名づけたわけ

ミツバウツギ科の落葉小喬木にゴンズイという雑木があって山地の林樹にまじって生じ、枝に奇数羽状複葉を対生し一種の臭気を感ずる。秋にその蒴果が二片に開裂するとその内面が赤色で美しく一、二の黒色種子が露われる。『本草綱目啓蒙』によればゴンズイのほかにキツネノチャブクロ、スズメノチャブクロ、ウメボシノキ、ツミクソノキ、ハゼナ、クロハゼ、ダンギナ、ハナナ、ダンギリ、タンギ、クロクサギ、ゴマノキの名がある。ところによると、その嫩葉を食用にするのだがあまり美味なものではない。書物によるとゴンズイに権萃の当て字が書いてある。

わが国の本草学者はかつてこのゴンズイを支那の樗にあてていたが、それはもとより誤りであって、この樹の本当の漢名は野鴉椿である。しかし以前からこの樹をゴンズイと呼んでいるわけは別にどの書物にも書いてないようだが、それは私の考えるところではこうではないかと思われる。すなわちそれは前にこのゴンズイを樗にあててあって、その樗はいわゆる「樗櫟之材」で、この材はいっこう役に立たぬ樹であると評せられている。それでこれを樗であると思いこんだこの植物を役立たぬ樹、すなわちゴンズイだと昔の人が名づけたのではなかったろうかと私は想像する。

それでは役立たぬこの樹がどういう意味あいでゴンズイであると唱えられるのかというと、元来このゴンズイとは食料としてあまり役立たない魚であるので、その役立たぬ魚の名すなわちゴンズイを、役立たぬと思惟せられたこの樹に対して利用したのではないかと考える。そのゴンズイというのはどんな魚かと詮議してみると、それはゴンズイ科に属する小さい海魚で、細長い体は長さ数寸、口に八本の長い鬚をそなえ、体の色は青黒くその両面に各二条の黄色縦線が頭から尾まで通っており、背鰭と胸鰭とに鋭き刺があって、もし刺されるとひどく痛むから人に嫌われるが、それでも浜の漁民はときに強いて食することがある。こんなに小さくてかつ無用な魚であるから、昔から江戸の魚市場へは出さないので、この魚を一つに江戸見ずゴンズイと呼んだもんだ。国によってはまたクグあるいはググの方言もある。しかしゴンズイの語原はまったく不明でその意味は分かっていない。

楡は日本のニレではない

日本の学者は支那の楡を日本のニレだとしているが、元来楡は日本にはない樹であるから日本のニレではあり得ない。それはニレ属（Ulmus）には相違ないが、決してニレその樹ではない。つまり従来からの日本の学者は本物の楡を知らなかった。しかしそれは無理もない。すなわち楡は絶えて日本に産しないから、その実物の捕捉がわが学者にはできなく、ついに楡をニレとする誤りに陥ったのである。

元来楡は大陸の産でシベリアから支那ならびに満洲にかけて広く生じている大木である。木の大きい割合に葉のきわめて小さいものである。そして春早く葉の出ない前に小さい花が枝上に咲き、直ちに実を結び、それから葉が茂るのである。すなわち花、実、葉という順序である。

楡は支那にはたくさんある普通樹で、それが食物と関係があるからごく著明である。食物としてはどこを利用するのかというと、その嫩い実とその嫩い葉とその嫩い皮とである。

実は花に次いでその枝上にあたかも串に刺したように無数に生る。円形の翅果で、中央にある小さい堅果の周囲に薄い翅翼がある。始めは緑色で軟らかく、それを採って煮て食する。私も昭和十六年（1941）に八十歳で満洲へ行ったとき、五月にこれを大連市壱岐町三番地福本順三郎君（大連税関長）の邸で味わってみたが、あまりおいしいものではなかった。楡はこのように円い銭形をしたいわゆる楡莢を生じ、俗にこれを楡銭と呼ぶので楡銭樹ともいわれる。

この実は熟すると早くも枝から落ちてしまう。そして新芽の葉もゆでれば食べられる。またこの樹の白色で軟らかい生の内皮を掻き取り食用にするのだが、それは粘滑質で餅などに入れて食する。いわゆる楡皮である。またこの内皮を取って乾燥して磨して白い粉となし、楡麺に製し食べるものがいわゆる楡白粉である。

この楡はニレ科で俗に Siberian Elm と呼ばれ、その学名は Ulmus pumila *L.* である。この種名の pumila とは矮小ナあるいは細小ナという意味の語であるが、しかし元来この樹は高大なものであるにかかわらず、こんな学名がついたのは、それがシベリアからの灌木状のものであったので、その命名者がこんな種名を用いたゆえんであったのであろう。

楡の和名はノニレといわれる。すなわち野楡の意味である。満洲ではこの樹は平地に生じ人家の辺に茂っていてふつうに見られるところから、またこれを家楡とも呼ぶ。冬になれば落葉し、夏は緑葉で樹蔭をなしているが、しかしこれがあまり鬱蒼と繁りすぎると、天日を蔽うてその光と熱とを遮り、その樹下では、とうてい作物ができないから五穀などを栽えることがない。

日本の学者は昔、楡がわが国にもあるとして、それに対しヤニレまたはイエニレという和名をつけていたが、これは楡が人家近くにあって一つに家楡とも呼ばれるという支那の書物の記述を見て、名づけたものであることが推想せられる。しかしこれは日本産のニレすなわちハルニレ（Ulmus japonica *Sarg.* = *Ulmus campestris* Sm. *var. japonica* Rehd. = Japanese Elm）を楡であると誤認して名づけたものである。そして楡の本物は、もとより日本には産しないこと上述のとおりである。

上の和名のヤニレならびにイエニレは古名だが、またニレともネレともネリとも、さらにハルニレとも呼ばれる。ニレとは元来滑（ヌレ）の意で、その樹の内皮が粘滑であるからかくいわれる。そして右古名のヤニレだが、これは書物に脂滑（ヤニヌレ）だともっともらしく書いてあるが、私はそれに賛成せず、これは家ニレの意だと解している。そして同じく古名のイエニレは家ニレだ。

周定王の『救荒本草』には救荒食の樹として、支那式な楡銭樹の図が出ている。

楡と同属の樹に蕪荑というのがあってUlmus macrocarpa *Hance* の学名を有し、その実を蕪荑仁と号して薬用に供し、すこぶる臭気がある。この実の味がやや苦いので古人が和名としてニガニレの称を与えている。『倭名類聚鈔』にこれを和名比木佐久良（ヒキサクラ）と書いてあるが、なぜそういったのか今その意味は分からない。

於多福グルミ

クルミすなわち胡桃の一種に、オタフクグルミと呼ぶ於多福面（スコブル愛嬌のある福相の仮面(めん)）の形をしたものがあって、一つに姫グルミともいわれる。こちらからいえば於多福どん、クルリと廻ってあちらからいえばお姫様、と醜美を一実中に兼ね備えているから面白い。

オタフクグルミの樹はふつうのオニグルミの樹とともに同所にまじって見られる。あるいはところによればオニグルミの樹の多い場合もある。これらの樹は多く流れに沿うた地に好んで生活し、山の脊などには生えていない。

オタフクグルミ、一名ヒメグルミ、一名メグルミはオニグルミの一変種で決して別種のものではない。つまりオニグルミの変り品である。このオタフクグルミの学名として、始めはマキシモウィッチ氏によって名づけられた Juglans cordiformis *Maxim.* が発表せられたが、これはただその核だけを見てつくった名であった。

私は信ずるところがあって、これをオニグルミの一変種としてその学名を Juglans Sieboldiana *Maxim.* var. cordiformis（*Maxim.*）*Makino* と改訂し変更した。アメリカでヒメグルミ（オタフクグルミ）の苗をたくさんにつくってみた人があったが、それが少しもオニグルミの苗と変りなくいっこうにその区別ができなかったので、アメリカの学者は私の意見に同意を表わしている。かのL. H. Bailey氏の書物でも、またA. Rehder氏の書物でもみなオタフクグルミすなわちヒメグルミをJuglans Sieboldiana *Maxim.* var. cordiformis *Makino*と書いてこれを採用している。

このオタフクグルミ（ヒメグルミ）の核果の核はその形状、すなわち姿に種々な変化があって、大小、広狭、厚薄はもとよりのこと、一方に大いに張り出たオタフク形のものがあるかと思うと、一方にはもっと痩せ形のものもある。また面に溝のあるもの溝のないものもある。また末端の尖りも低いもの、高いものがあって決して一様ではない。また稀に縫線が三条あって三稜形（Trigona）のもの、縫線が四条あって四稜形（Tetragona）のものもある。またオニグルミとヒメグルミとの間の子と思われるものもある。

オニグルミ（Juglans Sieboldiana *Maxim.*）にいたってはその大小は無論のこと、その形状も決して一様でなく、末端の尖りも低いのもあれば、また大いに尖り出て高いものもある。表面の皺もその疎密、深浅が一様でなく、またほとんど皺のないものもあれば多少はあるものもある。じつに千様万態ほとんど律すべからずで、今その状態によってこれを分類すれば百くらいに区別することはなんでもない。Dode氏の分類はいっこうに当てにならなく、またその顰にならう学者の研究もなんら尊重するには足りない。要するにオニグルミはただ一種すなわちone speciesである。

これは大言壮語ではなく、実際オタフクグルミ、オニグルミを各地から蒐めて検査してみた結論である。要するにクルミは人の顔を見るようなもので、その顔がどんなに違っていても、ひっきょうそれは Homo Sapiens *L.* 一種の外には出ないもんだ。

オニグルミ、ヒメグルミの実の皮は終りまでついに裂けないで樹から落ちるが、テウチグルミ（手打ちグルミ）すなわち菓子グルミの果皮は緑色で平滑無毛、頂端から不ぞろいに数片に裂け、その中の裸の核を露出し、この核が果皮を残してまず地に落ち、しかるにその果皮が枝から離れ落ちるので、オニグルミ、ヒメグルミとはたいへんにその様子が違っている。このテウチグルミを信州から多く出してきて東京の市中に売っている。

クルミの核は元来二殻片の合成したもので、その縫合線は密着して降起した縦畦を呈しているが、ヒメグルミではその降起の度がすこぶる低く弱いのである。このようにそれが二殻片からなっているから、その花時の柱頭は顕著に二つに分れている。けれども中の卵子はただ一個しかないので、したがってその核内の種子はやはり一個あるのみである。種子の皮は薄くて胚に密着し、頭部二岐せる胚は幼芽、幼茎を伴える大なる子葉からなって胚乳欠如し、われらは油を含めるその子葉を食しているが、それはちょうどクリにおけると同じである。

クルミの語原は呉果（クレミ）であって、呉は朝鮮語でクルと言うといわれ、それでクルミになるのである。そしてクルミの漢名は胡桃であるが、それは支那の漢の時代に張騫という人が西域から帰るときこれを携え来たので、それでそういわれるとのことだ。しかしこの胡桃はオニグルミでもヒメグルミでもなく、それはテウチグルミすなわちJuglans regia *L.* var. sinensis *C. DC.* のことである。そしてその主品なるJuglans regia *L.* はペルシャならびヒマラヤの原産で、いま欧洲大陸には諸所に栽植せられてあって、それがペルシャテウチグルミ（Persian Walnut の俗名がある）、すなわちセイヨウテウチグルミである。

以前はこのセイヨウテウチグルミ、すなわちペルシャテウチグルミの実が食品として輸入せられ、東京の銀座あたりの店で売っていた。その味は今日市場に出ている信州産のテウチグルミからみるとずっと優れていた。いま信州に植えてあるものは、無論昔支那から伝えたものもあろうが、しかし明治年間にその実のよい西洋種を植えて改良をはかったと聞いたことがあった。そうすると信州には昔からの樹と西洋からの樹と両方があるわけになる。

右のペルシャテウチグルミがすなわち俗にいうWalnutであって、このウォールナットの語はもとはフランスでのGaul-nutから導かれたものだといわれる。そしてこのゴールは欧洲で広い古代の地名である。

今日本にはクルミの類が二種しかないと私は断言する。そしてその種々の品はことごとくみなこの二種から変わりたるものにほかならない。ここでちょっと想起することは、日本でのオニグルミ一名チョウセングルミ（Juglans Sieboldiana *Maxim.*）はもとより日本の原産ではなく、もとは大陸の朝鮮種が伝わったのであろうと推想し得る。クルミの名もじつは呉果(クルミ)で朝鮮語原であるから、そのクルミすなわちオニグルミは昔朝鮮から入ったものといえるわけで、これにとくチョウセングルミ（一にトウグルミともいわれる）の名のあるのも不思議とはいえない。そこで私はオニグルミ一名チョウセングルミをもって、満洲、朝鮮ならびに黒竜江（アムール）地方にある Juglans mandshurica *Maxim.* すなわちマンシュウグルミの一変種だと考定したい。果してそうだとすれば、その学名を Juglans mandshurica *Maxim.* var. Sieboldiana（*Maxim.*）*Makino* と改訂する必要を認める。そしてまたヒメグルミすなわちオタフクグルミの学名も、したがって Juglans mandshurica *Maxim.* var. Sieboldiana（*Maxim.*）*Makino* forma cordiformis（*Maxim.*）*Makino* と改めなければならんことは必至の勢いである。すなわちマンシュウグルミからクルミ、すなわちオニグルミが出で、オニグルミからヒメグルミ、すなわちオタフクグルミが出たのである。

小野蘭山の『本草綱目啓蒙』に「真の胡桃は韓種にして世に少なし葉オニグルミより長大にして核もまた大なり一寸余にして皺多し故に仁も大にして岐多し」とあるものはおそらくマンシュウグルミを指していると思うが、しかしこれを真の胡桃であるといっているのは誤りで、胡桃の本物はテウチグルミそのものでなければならなく、蘭山はそれを間違えているのである。

また右、『啓蒙』に「一種カラスグルミは越後の産なり核自らひらきて鳥の口を開くがごとし故に名づく」とあるものは珍しいクルミである。私は越後の方に対してこれを世に表わされんことを学問のために希望する。また同書に「一種奥州会津大塩村に権六グルミと云あり核小にして圧口奈子（ヲジメ）となすべしこれ穴沢権六の園中の産なる故に名づくと云甲州にもこの種あり」と書いてある。私の手もとにこの会津産の権六グルミが二顆あって、かつて『植物研究雑誌』ならびに『実際園芸』へ写真入りで書いておいた。そしてその学名を Juglans Sieboldiana *Maxim.* var. Gonroku *Makino* として発表しておいたけれど、これもまた Juglans mandshurica *Maxim.* var. Sieboldiana（*Maxim.*）*Makino* forma Gonroku（*Maxim.*）*Makino* としておかねばならないだろう。

製紙用のガンピ

雁皮紙をつくる原料植物、すなわちジンチョウゲ科のガンピには明らかに二つの種類が厳存する。すなわち一つは単にガンピと言い、一つはサクラガンピと称する。しかるに世間に出ている製紙の書物には、たいていこのサクラガンピとしてただこの一種だけが挙げられている。しかるに榊原芳軒の著『文芸類纂』には、伊藤圭介博士の『日本産物誌』美濃部から取り、製紙用としてのガンピ一つを挙げている。いずれもが片手落ちになっているが、これはその両方を挙げねば完備したものとは言えない。

ガンピ（ナデシコ科の花草であるガンピと同名異物）は元来はこの類の総名で、昔はカニヒと称えたものである。今日ガンピと呼ぶものは関西諸州に産する Wikstroemia sikokiana *Franch. et Sav.* を指している。この種は山地に生じて、高さ二尺内外から一丈ばかりにおよぶ落葉灌木で、その小さい黄色花は小枝頭に攅簇（さんそう）して頭状をなし、花にも葉にも細白毛が多い。そして一にカミノキ、ヤマカゴ、ヒヨ、シバナワノキ（柴縄ノ木）と呼ばれる。

今一つの種は Wikstroemia pauciflora *Franch. et Sav.* で関東地方に産し、相模、伊豆方面の山地に生じている。花は淡黄色小形で枝頭に短縮した穂状様の総状花序をなしており、葉には毛がない。これをサクラガンピと称するが、それはその皮質があたかもサクラの樹皮に似ているからである。これにはまた、ヒメガンピ（松村任三）、ミヤマガンピ（同上）、イヌコガンピ（白井光太郎）の名もある。

ガンピには、かくガンピとサクラガンピとの二種類があるのでよくこれを認識しておかねばならない。同属中のキガンピ、コガンピ等の諸種も強いて製紙用の材料とならんとも限らない。このガンピは一にヤマカゴ、イヌカゴ、イヌガンピ、ノガンピ、ヤマカリヤス、アサヤイト、シラハギ、ヒヨの名がある小灌木だが、茎の繊維は弱い。しかしその根皮の繊維はキガンピと同様割合に強いからともに紙を漉くことができるといわれる。学名は Wikstroemia Ganpi *Maxim.* であるが、この学名がもし前に書いた Wikstroemia sikokiana *Franch. et Sav.* であるガンピへ付けられてあったらきわめて適当であるのだが、惜しいかな製紙用としてほとんど用のないコガンピの名になっているのは情けない。元来 ganpi の種名を用いた Stellera ganpi *Sieb.* はもともと製紙料となっているガンピの学名としてシーボルトが公にしたもので、それに Excortice conficitur charta ob firmitatem laudata（樹皮カラ耐久力アル優秀ナ紙ヲ造ル）の解説が付いている。ところがその後マキシモウィッチがこの学名を基として Wikstroemia Ganpi *Maxim.* の名をつくり、これにコガンピの記載文を付けたもんだから、学名での ganpi の種名がコガンピのもとへ移って、その実際とは合わないことを馴致した結果となっている。

また同科のDaphne属のオニシバリ一名ナツボウズ一名サクラコウゾもまた、無論製紙用に利用することができんでもないが、ただその産額が少ないうえに樹が矮小だから問題にはならない。この植物はその皮の繊維が強靱だから鬼縛りの名があり、夏に実の赤熟したときには既に葉が落ち去って木が裸だから夏坊主ともいわれる。そしてこの実は味が辛くて毒がある。

伊豆の楳原寛重という人の『雁皮栽培録』（明治十五年出版）に三つの図があるが、その黄雁皮とあるものはサクラガンピ、犬雁皮とあるものはコガンピ、そして鬼ガンピすなわち方言ヤブガンピとあるものはオニシバリである。

ちなみに記してみるが有名な南米ジャマイカの土言Lagettoの植物レース樹、すなわちLagetta lintearia *Lam.*（この種名linteariaはリンネルのようなとの意）は同じジンチョウゲ科の樹木であるが、その厚さは六センチメートルもある白色の内皮が二十層ほどな枚数となって同心的にそれを順々に剝がすことができ、これを拡げるとまるで八重咲の花のようになり、かつその繊維が縦に交錯してその状あたかもレースの状を呈していて、世に著明なものとなっている。

種子から生えた孟宗竹の藪

種子から生えたモウソウチク（*Phyllostachys edulis Carr.*）の竹藪すなわち竹林があったらきわめて珍しいが、現にそれがあるのだからやっぱりそれは珍しい。見たかったら見せてもらいに行けば喜んで見せてくれるだろう。すなわちそれは武蔵の国都筑郡新治村字中山の斎藤易(えき)君の邸内にある。

この記念すべき実生モウソウチク林は今からちょうど四十一年前の大正元年（1912）に実すなわち穀粒を播いて生やしたものだが、しだいに生長繁茂して今日にいたったので、今はまことに立派なモウソウ藪となっている。そしてこの藪は約一畝歩の面積を占め、なお勢いよく四方に拡がろうとして強勢なる鞭根すなわち地下茎を張り、竹稈の太いものは根元から一尺くらいのところでその直径約四寸余もあるようになった。この竹藪の実生以来生きて小藪をなし藪の一隅に存していたものは、今は伐り除かれてなく、今日はその株から出発してあとを継ぎ、年々生じた稈で竹林をなし、年々三、四十本ほどの筍すなわち笋が勢いよく生じているとのことだ。

このように実生から出足して明らかにその年数の分かっている竹林は、おそらく日本国中この中山の斎藤君宅地よりほかにはない珍しいものであるから、私の切に希望するところは、その持主の斎藤君がこれまでどおり今後も永くこれを愛護せられて、このめでたい竹林とともに同家のますます繁栄せんことを切に祈るのである。

去る大正十五年（1926）五月三十日発行の『植物研究雑誌』第三巻第五号の口絵には、実生から十五年を経た上のモウソウ藪の写真図が出ていてそのときの状況が窺われる。そしてその写真は同年五月四日に横浜市の薬舗平安堂主人の清水藤太郎君が老練な手腕で撮影したもので、その竹林中に威勢のよい筍が数本矗立（ちくりつ）している。

孟宗竹の支那名

モウソウチクは元来支那の原産であるが、それが昔同国から琉球へ渡り、琉球からさらに日本の薩摩に伝わった。すなわち薩州藩主の島津吉貴（浄園公）が琉球からその苗竹を薩州鹿児島にいたさしめたによるのだが、それは今をへだたる二百十七年前の元文元年（1736）であった。それからこのモウソウチクが薩摩を起点として漸次にわが国各地に拡まって、やがて竹類中の宗となった。

モウソウチクは孟宗竹と書く。これはもとより漢名ではなく、始め薩摩での俗称であったのだが、今日ではこれがわが国の通名となっている。元来孟宗は支那での二十四孝中の孝子の名で、雪中に筍を掘って母にすすめたといわれる故事から、この竹の筍が早く出て美味なところから、この故事に付会し、さてこそこれを孟宗竹と名づけたものである。カンチク（寒竹の意）と呼ぶ小竹も冬に筍が生ずるので、これにもまた同じく孟宗竹の俗名がある。しかるに中華民国二十六年（1937）に刊行せられた陳嶸の著『中国樹木分類学』に孟宗竹の名が挙げられているが、これを支那名だとするのはもとより誤りで、これはまさに日本名であるから、けだし著者がこの名を日本の書物から転載したものであろう。そして同書に掲げてある本品の図もじつは坪井伊助氏著の『坪井竹類図譜』から採ったものであることに気を利かせてみねばならない。

日本では従来支那の江南竹をモウソウチクだとしているが、これはまったく適中していなく、この江南竹は決してモウソウチクそのものではない。それはその稈の節から出る枝が毎節明らかに三本ずつになっているのでもわかる。しかしこのモウソウチクは元来支那の原産で最も顕著な竹であるのだから、なかに支那名すなわち漢名があるに相違ないと考え、そこで李衎（リカン）の著わした『竹譜詳録』（全七巻）をひもときその各種竹品の記文を検討してみたところ、果してその中での狸頭竹、一名猫弾竹がまさにモウソウチクそのものであることを突きとめえた。しかしこの狸頭竹、猫弾竹の名は既に明治十九年（1886）に出版せられた片山直人氏の『日本竹譜』にモウソウチクの漢名として引用してあるが、それはモウソウチクにあてた江南竹の異名として挙げてあるにすぎず、あえて正面の名とはなっていない。今次に右『竹譜詳録』の文章を抄出してみる。

狸頭竹、一名猫弾竹、処処に之あり江淮の間生ずる者高さ一二丈五六寸、衡湘の間の者径二尺許、其節は下極めて密にして上漸く稀なり、枝葉繁細、筍は庖饌に充て、絶佳なり、此筍の出ずる時、若し近地堅硬或は礙礴石なれば則ち間に遠近なし、但し出ずべき処に遇えば、即ち土を穿ちて出ずること猶狸首が隙を鑚（うが）ち通透せざる無きがごとし、故に此名を寓す、亦高さ一丈許に止まる者ありて下半特に枝葉なく、人家庭院に栽植す、枝葉扶疎、清陰地に満ちて殊に愛悦すべし、然れども竹身下麁にして上細く、竿大にして葉小さく、図画に宜しからず、広中に出ずる者は筍味佳からず、江西及び衡湘の間、人冬に入り、其下地縫裂する処を視て掘り之を食う、之を冬筍と謂い甚だ美なり、留めて取らざれば春に至りて亦腐朽し、別に春筍を生じて竹と為る、福州の人謂いて麻頭竹と為す。(漢文)

である。またこれを猫頭竹とも貓頭竹とも猫児竹とも猫竹とも毛竹とも茅竹とも南竹とも称えるが、陳淏子の『秘伝花鏡』によれば

猫竹一に毛竹に作る、浙閩に最も多し、幹は大にして厚し、葉は細く小さくして他の竹に異なり、人取りて牌に編みて舟を作り或は屋を造るに皆可なり(漢文)

と書いてある。そしてこの毛竹の名はあるいは猫竹の音硬で毛竹となったかもしれないが、しかしモウソウチクにあってはその嫩稈の膚面に短細毛が密布(後には脱落する)しているので、あるいはそれで毛竹というのかとも思われるが、果して然るか否か、はっきりしない。

今モウソウチクの漢名としては狸頭竹を用うることとし、その他の貓弾竹、猫頭竹、貓頭竹、猫児竹、猫竹、毛竹、茅竹、南竹をその一名とすればよろしい。すなわちこれでモウソウチクの漢名がきまり、従来久しく慣用し来たった江南竹の漢名は今モウソウチクとは絶縁となった。これでなんだか清々した気持ちだ。

私はこのモウソウチクをハチク、マダケの属と分立せしめて一つの新属を建ててみるつもりで

Moosoobambusa の新属名と Moosoobambusa edulis（*Riv.*）*Makino* の新種名とを用意した。近くその委曲を発表することにしている。

日本では竹藪の場合によく竹かんむりを書いた籔の字を用いているが、元来この籔の字にヤブの意味は全然なく、これはすなわち桝目などに使う字だ。竹ヤブだから藪の字の草かんむりを竹かんむりの籔の字にしてみたのは日本人の細工だ。細工はりゅうりゅうだがその仕上げはあまりご立派ではなかった。

サンドグリ、シバグリ、カチグリ、ハコグリ

諸国に往々三度（サンド）グリと呼んでいるクリがあって、その土地の名高い名物となっていることがある。すなわちそれは一年に三度実が生るというのである。実際そんなクリがあるにはあるが、じつ言うとなにも一度、二度、三度とくぎって実が生るのではなく、夏から秋まで連続してその実が付くのである。

かく呼ばれている三度グリについては、私の生国土佐にもその例があって、『土佐国産往来』にも「三度生（なる）栗」と出ている。次にかつて私の書いた土佐三度グリの記事を掲げてみよう。すなわち三度グリとはこんなものである。

「土佐に三度グリというクリがあって『土佐国産往来』にも出ている。私は今をへだたる七十二年前の明治十四年（1881）私が二十歳のときの九月に、植物採集のため同国幡多（はた）郡佐賀村大字拳（こぶし）ノ川の山路を通過した際その辺で実見したが、しかしそれはあえて別種なクリではなかった。すなわちそのクリは野山に生えているのだが、そこは毎年土人が柴を刈る場所で春さきになると往往その山を焼くのである。それゆえそこに生えている雑樹は刈られ焼かれて、ただその切

り株だけが生存し、年々それから新条が芽出つのである。それゆえその株は往々太い塊をなしている。そしてこの株から芽立ったクリの新条は直立して春夏秋とその生長を続け、夏秋の候にその新梢へあとからあとからと花穂が出て花を開き、雄花穂軸の本には少数の雌花があって毬彙を結び、一条の枝上に新旧の毬彙が断続して付いているのが見られる。元来クリはふつうにはただ一度梅雨の時節ごろに開花するだけだが、上述のものは夏から引き続いて秋までも花が咲く、すなわちそれはその新条が絶えず梢を追うて生長するからである。ゆえにこんなのは三度グリとも言い得れば、また七度グリとも十度グリとも十五度グリとも言い得るのである。このように年々歳々その切株から芽立たせば、上のようにじつに無限に連続的開花の現象を現わすが、もし一朝その樹を刈らず伐らずして自由に生長させると、あえて常木と異なるところのない凡樹となり、ついにその特状が認められなくなってしまう。わが国各地に三度グリだの七度グリだのと呼ぶものはたいていこんな状態のものである。しかしたまには老木になっても年に二度開花する変りものがあることが知られたが、今その珍しい一例は、相州箱根宮城野村なる勝俣某の邸内にあるもので、これはかつて沢田武太郎君（今は故人となった）が昭和三年九月発行の『植物研究雑誌』第四巻第六号で写真入りで報ぜられているが、また同様なものが信州下伊那郡大鹿村大河原にも一本あるとのことである。」

伊予の国の某村にも右の土佐の三度栗と同様なものがあって、昭和六年の秋私が同国へ赴いたとき土地の人がそこを天然記念物保護地にしたいとの希望で、私の意見を求められたことがあったが、私は言下にそれは無駄だからヨセといって止めさせた。なぜなれば、もしそこを保護してそのクリを伐らなかったならば、たちまちその三度グリたる現状態が見られなくなるからであった。そしてこんなクリはやはり「野に置け」でないとその天真を失ってしまうことになる。

右のような小木のクリを南京栗(ナンキングリ)というと伊藤伊兵衛の『地錦抄附録』に出ている。いったい姿の小さいものを、南京鼠のように南京と呼ぶ。三度栗も樹が小さいからそれでこの名がある。

上のいわゆる三度グリと同様のものは、春に山を焼く場所にはどこにも見られ、あえて珍しいものではない。私は先年肥後葦北郡水俣の山地でもこれを見たのだが、同地にもふつうに多く生長して多数な毬彙(イガ)を着けていた。その中に特にその毬彙が紫色を呈したものがあって私の眼を惹いた。そこでそれを採集し、それにイガムラサキの新和名と Castanea crenata *Sieb. et Zucc.* forma *Makino*（Burs purple.）の新学名をつけておいた。

三度グリについて小野蘭山の『本草綱目啓蒙』巻之廿五、栗の条下に「また越後に三度グリと云り大和本草にヤマグリと云〔牧野いう、『大和本草』にこの名は見えない〕石州にてカシハラグリと云茅栗の類にして一歳に三度実るといふ越後のみならず石州予州土州上野下野にもありと云」と出ている。そしてこれらも元来はシバグリのうちのものであって、このシバグリについては同書に「又シバグリあり一名ササグリ〔和名鈔〕ヌカグリ〔牧野いう、漢名糠栗に基づいての名だろう〕モミヂグリ木高さ五六尺に過ぎずして叢生す房彙(イガ)も小なりその中に一顆或は二三顆あり形小なれども味優れり是茅栗なり」と書いてある。

貝原益軒の『大和本草』巻之十、栗の文中には「栭栗(ササグリ)サヽとは小なるを云小栗なり又シバクリと云爾雅の註に江東呼(デ)二小栗(ヲ)一為二栭栗(ト)一崔禹錫食経には杭子と云へり春の初山をやけば栗の木もやくる其春苗を生じ其秋実る地によりて山野に偏く生ず貧民は其実を多くとりて粮とす筑紫に多し庭訓往来に宰府の栗と云是なり蘇恭が茅栗細(ニシテ)如二橡子(ノ)一と云しもシバクリなるべし」と述べてあるが、これはいわゆる三度グリに当たっている。

寺島良安の『倭漢三才図会』巻之八十六、栗の条下に「上野下野越後及紀州熊野山中(ノ)有(リ)二山栗一小扁(ク)一歳再(ニフタタビミタビ)三結(ビ)レ子(ヲ)其樹不二大木(ナラ)一所謂茅栗(ルササクリ)是乎(カ)」と書いてあるが、これも三度グリを指したものだ。

今から百三年前の嘉永三年(1850)に上梓せられた『桃洞遺筆』第二輯に三度栗の記事があって、次のとおり書いてある。すなわち「又三度栗あり、本朝食鑑(四巻)に、上野州下野州有二山栗一極小、一年三度(ニ)収(ム)レ栗(ヲ)、故号(ニ)二三度栗一といひ、因幡志(巻二末)に、法美(ハフミ)郡宇治山に産すといひ、紀伊続風土記(巻六十九)に、牟婁郡栗栖(クルス)ノ荘芝村、又(巻七十二)同郡佐本(サモト)ノ荘西栗垣内村、又(巻八十)同郡三里郷一本松村等に産する事を載す、此外越後、信濃、石見、土佐、筑前等にも産す、一名山グリ(詩経名物弁解)梶原グリ(石見)といふ、大抵牟婁郡に産する物は、其山を年々一度づつ焼く、其焼株より出る新芽に実のるなり、七月の末より、十月頃まで、本中末と三度に熟するを云なり、三度花を開きて実を結ぶ物にはあらず、皆其地の名産とすれど、何れの国にも産するなるべし」である。

右の『桃洞遺筆』に引用されている『本朝食鑑』（小野必大の著、元禄十年［1667］出版）巻之四の文を仮名まじりに書いてみれば「上野州下野州に山栗あり極めて小にして一年に三度、栗を収む故に三度栗と号す其味佳ならずと為さず此類の山栗は諸州に在れども亦極めて小さきなり是れ古の栭栗（ササクリ）乎」である。

元来栗は支那の産である、クリこそは日本にあるが栗は日本にはない。学名でいえば支那の栗は Castanea mollissima *Blume* = *Castanea Bungeana* Blume であって Chinese Chestnut の俗名を有し、和名はシナグリ（支那グリ）一名アマクリ（甘クリ）であり、日本のクリは Castanea crenata *Sieb. et Zucc.* であって Japanese Chestnut の俗名をもっている。そして支那の栗は同国の特産で日本には産せず、日本のクリは日本の特産で支那には産しない。だから支那の書物にある栭栗または杭子をわがササグリにあて、茅栗をわがシバグリにあて、板栗をわがタンバグリにあて、山栗をわが中（チュウ）グリにあてるのはみな間違いで、これらはことごとく支那栗すなわち甘クリのうちの品種名たるにほかなく、断じてわが日本のクリに適用すべき名ではないことを銘記していなければならない。

搗（カチ）グリというものがある。カチとは舂（つ）くことで、すなわちクリの実を干し搗いて皮を去りその中実（胚を伴うた子葉）を出したものである。それにはふつうにシバグリを用うる。シバグリとは柴グリの意で小さいクリである、すなわち上の三度グリなどはみなシバグリであり、三度グリならずとも野山のクリにはシバグリが多い。たとえその樹が高大になってもシバグリはやはりシバグリたることを失わない。これについて上の『本朝食鑑』栗の条下に次のごとく書いてある。今分かりやすく原漢文を仮名まじり文にする。「搗栗加知久利と訓ず、熟栗の連殻を取りて日日晒乾し皺むを待ちて内にて鳴る時、臼に搗きて紫殻及び内濇皮を去るときは、則ち外は黄殻、内は潔白にして堅し、其味極めて甘し、若し軟食せんと欲せば則ち熱湯に浸し及び熱灰に煨して軟らかきを待ちて食し以て乾果の珍と作す、山栗の微小なる者を用いて之を造るも亦佳なり、或は断肉蔬飧の時搗栗を以て鰹節に代うれば能く甜味を生ず、今正月元日及び冠婚規祝の具之を用いて以て物に克つの義に取る、古へは丹波但馬ヨリ主計寮に献ず、近代は江東に多く之を造り、京師海西に伝送し最も美と称す、今丹但の産甚だ少なくして好からざる也、一種打栗と云う者あり、好搗栗を用いて蒸熟し布に裹み鉄杵を以て徐徐に之を打ちて平扁ならしめ、而して青柏葉に盛りて以て珍と為す、此れ本朝式に所謂平栗子耶或は曰く搗栗は脾胃を厚くし腎気を滋すの功最も生栗に勝れり、好みて食すべしと、此れも亦理あるに似たり」

右『本朝食鑑』よりずっと後に出版せられた『倭漢三才図会』によれば、「老たる栗を用い殻を連ねて晒乾し稍皺ばみたる時臼に搗きて殻及びしぶ皮を去れば則ち内黄白色にして堅く味甜く美なり或は熱湯に浸し及び灰に煨して軟らかきを待ちて食うも亦佳し或は食う時一二顆を用いて掌に握り稍温むれば則ち柔らかく乾果の珍物と為す也以て嘉祝の果と為すは蓋し勝軍利（カチクリ）の義に取り武家特に之を重んず」（漢文）と書いてあるが、これは主として前の『本朝食鑑』によって書いたものである。

ここに珍しいクリにハコグリ（箱グリの意）というのがあって、稀に見受けられる。『本草綱目啓蒙』栗の条下に「江州に一毬に七顆あるなり、ハコグリと云毬の形四稜にして闊し」と書いてある。岩崎灌園の『本草図譜』巻之五十九にそれが出ているが、その図は良好であるとはいえない。江戸で六角トウというと書いてあるが、これはどうも灌園がその図によってよいかげんにこしらえた名であると私は感ずる。

このハコグリが今東京都練馬区東大泉町五百五十七番地なる私宅の庭に育っている。これは今から三十年も前に藪を切り開いてこの宅地を設けるとき、偶然その樹を藪中に発見したので、これは珍しいと保存したものである。その毬彙はシバグリ式で小さく、まだ熟せぬ前からそれが開裂してまだ緑色の堅果を露出している。堅果は小形で中央に三顆一列に相並び、その左側に二顆、右側に二顆、都合七顆が相接して箱の中、いや毬彙内に詰まっている。稀に八顆あることもある。熟すとむろん栗色を呈する。その学名は Castanea crenata *Sieb. et Zucc.* var. pleiocarpa *Makino* である。

無憂花とはどんな植物か

無憂花と呼ぶ植物がある。この無憂花の名は、むろん仏教関係の方々には先刻ご承知のはずだが、一般の人々には不慣れな名であるので、したがってそれが何ものであるのか、よく分からないでいることが多いと思う。しかしかの九条武子さんの著書の『無憂華』で世人はだいぶその無憂華の名を記憶しただろう。

この無憂花は無憂華とも無憂華樹(ムユウゲジュ)とも無憂樹とも称する有名なインドの花木であるが、またそれがマラッカならびにマレー諸島にも産する。マメ科の常磐木で Saraca indica *L.* の学名を有し、また *Jonesia Asoka* Roxb. の異名もある。そしてその俗名を Asoca Tree または Sorrowless Tree（悲しみのない樹の意）と呼ばれている。

『淵鑑類函』に『彙苑詳註』を引いて「無憂樹は女人之に触るれば花始めて開く」（漢文）とある。また『飜訳名義集』には「阿輸迦〔牧野いう、アソカ Asoca〕は或は阿輸柯と名づく、大論に無憂華樹と翻えす、因果経に云わく、二月八日に夫人毘藍尼園に住み、無憂華を見て右手を挙げて摘み、右脇より出でたまえり」（漢文）とある。そしてこれを無憂樹と称するのは、釈迦が毘藍尼園のこの樹下で誕生したとき、母子ともになんの憂いもなかったので、そこで無憂樹といったとのことである。

このアソカすなわち無憂花はカイトラ月の十三日（九月二十七日）ウラパジにおいて仏を礼拝するヒンズー人にとって真に神聖なる樹である。この樹の花は四月五月の季間きわめて美麗に咲き誇り、かつその佳香が夜中でも薫じているので諸所の寺院ではそれを装飾花として仏前に供える。またその花は恋の象徴すなわちシムボルで、それを恋愛の神であるカーマ（Kama）に捧げられる。

梵歌によれば、この樹の性質はなはだ敏感で、美人の手がそれに触れれば、たちまち花が開いてあたかも羞じらうように赤い色を呈するといわれている。前文にある「無憂樹は女人之に触るれば花始めて開く」もけだしこの意であろう。

薬用方面ではその樹皮に多く単寧酸が含まれ、種々に用いられるが、その中で土地の医者は子宮病の中でことに月経過多を療するに用うることがある。また花は搗き砕いて水にまぜ、出血赤痢を治するのに使用せられる。

この樹は小木で直立し、枝は非常に多くて四方に拡がり常緑の繁葉婆娑として蔭をなし、すこぶる美観を呈している。葉は短柄を有して枝に互生し、偶数羽状複葉で長さおよそ一尺ばかり、小葉は三ないし対をなし披針形で全辺、葉質硬く平滑で光沢がある。嫩葉は軟薄で紅色を呈し、葉緑を欠いでいて下垂しその観すこぶる面白味があり、ちょうど Amherstia nobilis *Wall.*（マメ科、カザリバナ）Mesua terrea *L.*（オトギリソウ科、タガヤサン、鉄刀木?）Mangifera india *L.*（ハゼノキ科、マンゴー、苹果）Polyalthia（バンレイシ科）等諸樹の嫩葉と同様である。花は一月から五月の間に開き佳香がある。多数の花が球形の繖房花を形成し、腋生しならびに枝頭に密集して開き、初めは橙黄色だがしだいに紅を潮しついに赤色に変じ、一花叢のうち両色こもごも相まじわり、これが暗褐色の枝条ならびに深緑色な葉に映じて美麗な色彩を見せている。その状ちょっと山丹花（サンダンカ）を見るようだ。そしてこの花満開の姿を望むと、植物界にはこれに超すものはなかろうと感ずる。

花は小梗をそなえ、その梗頂、花に接して二片の葉状有色の苞があって心臓状円形を呈している。花には花冠がない。萼が花冠様を呈し、その下部は肉質で実せる筒をなし、その喉部に環状の蜜槽花盤があり、雄蕋も雌蕋もそこから出ている。舷部は漏斗状を呈して四深裂し、各片は広楕円形をなして平開している。

雄蕋は通常七本で長く超出し、小形の葯を着けている。雌蕋は一本でその長さ雄蕋と等しく、長い花柱の本に有柄の子房がある。

莢果は長さ六寸ないし一尺くらいで少しく膨れ、長刀形で四ないし八顆の種子をいれている。そしてこの莢の未熟なときは肉質で赤色を呈している。種子は長楕円形で扁平、長さ一寸五分ばかりもある。

この植物はインドの各地で種々な土言があるが、なかんずくベンガルでは、アソク、アソカと言い、ボンベイではアショク、アソク、アソカ、ヤスンジと呼ばれる。梵語ではアショカ、カンカリ、カンケリ、ヴハンジュウ、ヴハンジュルドルマ、ヴィショカ、ヴィタショカと称えられる。

無花果の果

無花果はイチヂクである。これはもとよりわが日本の産ではなく、今から三百余年前の寛永年間に、始めて西南洋からの苗木を得て長崎に植えたといわれている。そして古人がこれを無花果と名づけたのは、その果はあるが外観いっこうに花らしいものが見えぬので、それで実際に花のないものだと思って無花果と書いたので、この無花果の字面は明の汪穎の『食物本草』に始めて出ている。そしてこの果はじつは擬果すなわち偽果であって、本当の果実でない事実は素人には分かるまいが学者にはよく分かっている。

有名な学者の貝原益軒に従えば、イチヂクとは元来イヌビワすなわちイタブ Ficus erecta *Thunb.* の名であるが、それが移って無花果の名になったといわれる。すなわち同氏の『大和本草』にはイヌビワの名を明らかにイチヂクと書き、その条下に「無花果ハ近世ワタル、イチヂク〔牧野いう、イヌビワを指す〕ニ似タル故ニソノ名ヲカリテ無花果ヲモイチヂクト云」また無花果の条下に「日本ニモトヨリイチヂクト云物〔牧野いう、イヌビワを指す〕別ニアリ……イチヂクニ似タル故ニ無花果ヲモイチヂクト云」と断言している。またイチヂクはイチジクと仮名を間違えて書いてあることもある。またイチヂクはイチジュクすなわち俗にいう一熟だと寺島良安の『倭漢三才図会』に出ているが、これは支那の書物に「一月而熟味亦如レ柿」とある文に基づいてそういったものであるが、これはイチヂクの語原となすには足りない。また無花果の一名を映日果というから、あるいはついするとこの ying jih kuo がイチヂクの語原となりはしないかという説もある。しかしながらこのイチヂクという意味はまったく不明である。

イチヂクの別名として九州方面にはトウガキ（唐柿）の方言がある。これはその形が円くて味が甘いからそう呼んだものだ。またウドンゲという方言があるが、これは無花果の一名を優曇鉢と称えるからであって、それは滅多に花の咲かないことを意味した名だ。

無花果は西アジア、ならびに地中海地方の原産で、遠い大昔からその食用果のために栽植せられており、支那へも無論その辺の地方からはいりこんだものであろう。クワ科の落葉樹でその学名を Ficus Carica *L.* といい、俗にその果を Fig と呼ぶ。種名の Carica は小アジアなる Caria からの名である。

無花果、果して花はないか。否、花がないのではない。ただ外方より見ることができないだけである。実際はその果の内部に小花が塡充しているのである。すなわちその花序は閉頭総状花である。言葉を換えて言ってみれば、これは変形せる一つの総状花穂（raceme）である。そしてその囊体が裏返って外が内になり、すなわち外にあって咲くべき花がみなそのために内に潜んで天日を仰がずに暗室で咲いているのである。

　今ここにそのしかるゆえんを説明すれば、すなわち、その花穂の中軸がだんだんと膨大して頂の方から窪みはじめて陥ちこみ、漸次にその度が増してついにはこれを包んでしまい、花はみなその中へ閉じこめられるのである。そして今想像してみると、その常態の花穂から始まってついに閉在花穂成立までの過程は、どれほど悠久な地質的年代を経過し来たったものかはとても考え及ぶところではない。もしそこにその原始型の化石でもあればあるいはおよそその年代も多少推測できるかも知れない。

　この閉頭果のもとには三片の小形苞があり、上頭には相接して多数の小形苞が重なって、その口を塞いでいるのが見られる。果体すなわち Fig の内部、すなわちその腹中には、前に書いたように小さい花が無数にあっていっぱい詰まっている。この花はあるいは長くあるいは短い小梗をそなえている有柄花であって、その梗頂に三片の萼と一子房とがある。これは雌花の場合であるが、今わが国に植えてある初渡来以来のイチヂクは、みなこのように果中にただ雌花のみを具えていてあえて雄花を見ない。イチヂクの種類によってはその入り口の方に雄花があって、他はみな雌花のものもあるが、日本へはまだそんなのは来ていない。雌花に結ぶ小さい核果（Drupe）には各一つの堅い粒があるが、それはクワの実にあると同じようないわゆる核であって種子ではなく、種子にはいっこうに胚が育っていない。ゆえに種子はみな粃（シイナ）であるからこれを播いても生えてこない。このように種子が孕まないのは雄花がない結果であろう。前記のとおりこの各々の花にはみな小梗があって、その梗頂がすなわち花托（receptacle）になっていることを特によく心に留めていなければならない。たいていの学者でもこれを看過しているのはどうしたものだ。

ところで世界の多くの学者でも、また日本の学者でも、いつも誤っている事実は、この閉頭果すなわちイチヂクの実の外壁の部、すなわち中部の花もしくは果実を包んでいる内嚢壁の部を花托（receptacle）、もしくは総花托（common receptacle）だとしていることである。これはじつに思わざるのはなはだしきもので、この部は花托でもなんでもなく、これはそれを正直にいえば単に変形せる花軸である。その花托は内部の小花にこそあれ（上に書いたやうに）他の場所にある理窟がない。小花にも花托があり、さらにその小梗下の肉壁にも花托があるということになると、ひっきょう二重に花托が存在している結論となる。そうでないのか、考えてみればすぐ分かることだ。元来花托とは花梗の頂端で萼、花弁、雄蕊、雌蕊の出発しているところではないのか。イチヂクの花托についてこれまでの書き方は不徹底しごくで、天下にはたくさんな学者がいるのにかかわらず、だれ一人正論を唱えてこれを説破した者がないとは、なんとまあ不思議なことではないか。

イチヂクは前述のとおりクワ科に属する。昔の昔のその昔、大昔のまだ大昔、イチヂクの果が今日のようにならん前の原始的の花穂は、たぶんクワの花の花穂のようなものであったであろうことが推想し得られる。それがあるテンデンシーをとって進み、幾多地質時代の幾変遷を経つつ漸次に今日のような形態に到達したのであろう。同じクワ科のドルステニア（Dorstenia）の花はふつうの花穂とイチヂクとの中間をたどっているとみてよかろう。しかしこの植物の小花は無柄でその肉質壁に坐っているから、その着点を花托とみてもよかろう。

従来日本で栽植せられているイチヂクは、葉の分裂の少ない型の種で、これに二つの品種があり、すなわちその一は果皮紫黒色、肉白き黒イチヂク、その二は果皮白色で微紫色を帯び、肉淡紅の白イチヂクである。その後明治になって渡来したものはその葉が深い掌状裂をなした品であるが、今日ではなおその果の優秀な改良種も来ていることと思う。

イチヂクと媒介昆虫との相関々係、すなわちカプリフィケーションは複雑をきわめているが、それは野生種に起こる現象で、ふつうに栽植してある食用果のイチヂクにはこの事実は見られないように思う。

（編注――文中イチジクと書くのは間違いであるとしてあるが、現在ではむしろイチジクと書くのがふつうになっている。）

イチョウの精虫

夢想だもしなかったイチョウ、すなわち公孫樹、鴨脚、白果樹、銀杏である *Ginkgo biloba L.* に、精子すなわち精虫（Spermatozoid）があるとの日本人の日本での発見は青天の霹靂で、天下の学者をしてアット驚倒せしめた学界の一大珍事であった。従来平凡に松柏科中に伍していたイチョウがたちまち一躍して、そこに独立のイチョウ科ができるやら、イチョウ門ができるやら、イヤハヤ大いに世界を騒がせたもんだ。そしてその精虫を始めて発見した人は、東京大学理科大学植物学教室に勤めていた、一画工の平瀬作五郎氏（その肖像が昭和三年九月発行の『植物研究雑誌』第四巻第六号に出ている。同氏の顔を知りたい方はそれを見るべしだ）であって、その発見は実に明治二十九年（1896）の九月で、今からちょうど五十七年も前だった。

こんな重大な世界的の発見をしたのだから、ふつうなら無論平瀬氏はやすやすと博士号ももらえる資格があるといってもよいのであったが、世事魔多く、底には底があって、不幸にもその栄冠を贏（か）ち得なかったばかりでなく、たちまち策動者の犠牲となって江州は琵琶湖畔彦根町に建てられてある彦根中学校の教師として遠く左遷せられる憂き目をみたのは、憐れというも愚かな話であった。けれども赫々たるその功績は没すべくもなく、公刊せられた『大学紀要』上におけるその論文は燦然としていつまでも光彩を放っている。むべなるかな、後明治四十五年（1912）に帝国学士院から恩賜賞ならびに賞金を授与せられる光栄を担った。

このイチョウの実の中にある精虫を発見したその材料の樹、すなわち眼を傷つけてまでもその実を自分で採集したその樹は、大学附属の小石川植物園内に高く聳立するイチョウの大木であった。その樹はこの由緒ある記念樹として今もなお活きて繁茂し、初冬にはその葉色黄変してすこぶる壮観を呈するのである。

さてこの精虫出生の出来ごとを譬えれば、これは許嫁の幼い男女二人があって、早くもその男が後にお嫁サンになるべき運命を持ったその娘の家に引き取られて養われ、後この両人が年頃となるにおよんで始めて結婚するようなもんだ。

イチョウは雌雄別株の植物で雄木と雌木とがある。この二つの樹がたまたま相接して並んでいることもあるが、たいていは雄木、雌木が相当たがいに相隔たっているものが多い。そして春に新葉の少し出た時分に、枝に雄花が咲いて花粉を出すのであって、この花粉は風に吹き送られて遠近に飛散する。けれどもごく玄微な花粉ゆえ、その飛んでいることはとても肉眼では見得べきもないが、そこには飛び来るこの花粉を僥倖に待ち受けているものがある。それは雌木の枝の端に付いている小さい雌花、すなわち裸の卵子である。この卵子にはその頂点にじつに針の先で突いたよりもなお細微な一つの孔があって、その飛び来る花粉を具合よくその孔へキャッチするのである。じつに不思議なのは、遠くからきわめてまだらに飛んで来る花粉が、よくもマア卵子頂のこの小さい孔をもとめて飛びこんで来るもんだ。なんだか卵子に引力でもあって、その花粉を引きよせるのではないかとのように思わせられてならない。花粉が濛々たる煙のように、また漠々たる雲のように飛んで来るのならイザ知らぬこと、一粒一粒ごく稀薄に飛んで来て、よくも狙い誤またずにちょうどその小さい孔に飛びこむとは、じつに造化自然の妙に驚歎せざるを得ないのである。

さて春に、そこ、すなわち娘の家に飛びこんだこの花粉すなわち幼い男子は、娘の家に引き取られて、そこに幾月もの間にだんだんと生長し生育するのだが、それを養い育てるその娘の家すなわち卵子も、日を経るままにしだいにその大きさを増しつつ時日を重ねるのである。そしてそうこうしているうちに卵子もずっと大きな実となり、始めは緑色であるのが秋風に誘われてようやく黄色に色づいて来る。サアこの時だ！　その実の頂に近い内部に液の溜ったところができていて、その液の中へ娘の家で成年に達した男の花粉嚢から精虫が二疋ずつ躍り出てきて、その精虫の体にそなえている繊毛を動かしてその液中を泳ぎ廻るのである。そして間もなく、これも自分の家で成年に達した娘の雌精器に接触し、握手結婚して一緒になり、ここにめでたく生育の基礎を建てるのである。すなわち許嫁の男子（雄）と女子（雌）とが始めて交会し、四海波静かにめでたく三三九度の盃をすませる。それは春から夏を過ぎて秋となり、その間長い月日の間なんのとどこおりもなく生長を続けてついに成長の期に達し、待たれた本望を遂げて千秋楽とはなったのである。そしてなお樹上にはその実がたくさん残っているから、そこでもここでも同じく華燭の盛典が挙げられめでたいことこの上もなく、許嫁の御夫婦万歳である。そのうちに右の実がいよいよ軟らかく黄熟し烈臭を帯びて地に落ち、葉もまた鮮かな黄金色を呈して早くも結婚の終了を告げ、欣々然としていさぎよく散落し、間もなく年は暮れるのである。そしてこの結婚をすませた実が地に落ちれば、来年はそこに萌出して新苗を作り子孫が繁殖するのである。

イチョウの黄葉はあえて他の樹には望まれない美観なもので、遠くから眺めればその家、その寺、その村の目標ともなる。もしこの数千本を山に作って一山をイチョウ林にしたなら確かに壮観を呈するであろう。私に○があればぜひ実行して世人をアット言わせてみたいもんだが、財布が小さくて手も足も出ないのは残念至極だ。

この木には特にいわゆるイチョウの乳が下がるが、これはこの樹に限った有名な現象である。つまりこれは気根の一種であろう。往々それが地に届きその先が地中に入ったものもある。

この今見るイチョウ樹は昔、日本へは支那から渡り来たったもので、もとより初めからわが国にあったのではない。元来支那の原産であることは疑う余地はないが、今は同国でもその野生は見付からぬとのことである。

茶樹の花序についての私の発見

自分で大発見などとほざくは、世間さまをはばからず、分際をわきまえぬ大たわけ、僭越しごく沙汰の限りだと叱られるのは心定であるが、今心臓強くこれをがなるのは、そこに「事実」という犯し難い真理があるからである。

私は過去およそ四十年ほど以前から茶の樹についての注意を怠らず、ことに花時にはいつも興深くこれを眺めた。以前東京帝国大学理学部植物学教室の学生で名は今忘れたが、相州鎌倉から来ていた方があって、あるとき幾人かで鎌倉の同氏の宅を訪ねたことがあった。そのとき私は偶然同家の裏庭へ行ってみたら、そこに多くの茶の樹があって花が咲いていた。ふと見るとその花の花序すなわち Inflorescence に見慣れないものを見付けた。それは Cyme すなわち聚繖花序であった。これすなわち茶の花の花序が明らかに聚繖花序であるという大切な発見である。

茶の花は十月十一月に咲くのだが、そのとき茶の樹に眼を注いでみると、往々正しく整形せられた聚繖花序に逢着することはなにも珍しいことではないが、なぜ世の多くの学者がいままでこれに気がつかずに見逃していたか、じつに不思議千万である。日本と西洋とを通じての茶の花の図に一つもそれが描写せられておらず、また茶の記述文にもいっこうにその事実が書いてない。茶のすべての花は、単に葉腋から出るとしてある一本もしくは二本の花梗があって、その花梗末に一輪の花が付いているだけのことになっていて、それがみな単梗花と見なされているのである。しかし今それを詳しくかつ正しくいえば、この花梗はじつは今年出た葉の葉腋にあって、その頂に一芽を有する今年生のごく短い短枝（学術語）の側面にある苞腋（この苞はいち早く謝し去り花のときにはない）から発出しているのである。

ところが茶の花はその不発育に原因して茶樹上単梗花になっているものが無数にあるが、しかし中にまじって花梗に枝をうち、はっきりした聚繖花序をなしているものに出会うことは、なにもそう珍しいことではない。だれでも少し注意すれば、さっそくにこれを見出し得ること請け合いである。

この花梗に分枝していないものを見てはだれでも、それが聚繖花序であることには気がつくまいが、花梗をよくよく注意して検してみると、梗の途中に一つの節がある。ごく嫩い初期のときにはその節に早落性の苞があるから、推考することに鋭敏な人ならば、その花梗にさらに枝梗が出るはずだと想像することはあえて難事でもあるまいが、今日までそう考えた人はだれもなかったのであろう。

茶にこの聚繖花序の現われるのはまことにこの上もない貴重な、かつ大切な事実で、これはこの茶の属、すなわちThea属をして近縁のツバキ属すなわちCamellia属と識別する主要な標徴であることは確かに銘記に値する。すなわち常に無梗の単生花を出すツバキ属、そしてときどき聚繖花を出すチャ属とは自然にその間に一目瞭然たる不可侵の境界線を劃するものである。要するにこの両属の主要な区別点はこの点に尽きている。そしてこのTheaとCamelliaとの二属は由来離合常なく、あるいは親和しあるいは反目し、学者がこもごも各自の意見を固守していて、ある学者はThea、Camellia二属に独立を与え、ある学者はThea属をCamellia属に嫁入らせ、またある学者はCamellia属をThea属の支配下においていたが、いま私のこの聚繖花序発見で始めて確定的に世界の学者にそのよるところを教えたものであるから、これを大発見と誇唱してなんの僭越にもなりはしない。気焔万丈、天狗の鼻を高くするゆえんである。呵々。

茶樹に聚繖花序の出現することは私の発言するまではだれも知らなかった。かつて私はこの事実を中井猛之進博士に話したのだが、同博士もこれは初耳であった。

茶の銘玉露の由来

製したお茶の銘の玉露（ギョクロ）は、今ごくふつうに呼ばれている名であることはだれも知らない人はなかろう。ところがこれに反して、その玉露の名の由来にいたっては、これを知っている人は世間に少ないのではないかと思う。

明治七年（1874）十一月に当時の新川県（にいかわ）（今の富山県の一部）で発兌（はつだ）になった『茶園栽培問答』と題する書物があって、同県の茶園連中が山城の茶名産地宇治から教師を聘（へい）して茶のことを問いただし、その教師の答を記したものである。その中に「玉露の由来」という一項があって問答しているから、次にこれを抄出する。

問　玉露と云茶は如何の茶にて何故玉露と申す訳でござる。

答　玉露は覆（おひ）をせし茶の総名でござる今より四十年足らず先より始まりたる茶にて其由来は去る頃大阪の竹商人某と云者折々宇治に来り濃茶薄茶を製するを見てふと心附此葉を以て煎茶に製せん事を木幡村の一ノ瀬と云人に頼み製せしめしに元来肥え物の沢山に仕込たる茶なるが故に揉む時分に手の内にねばり附き葉は尽（ことごと）く丸く玉の様に出来上りたるを

其儘急須に入れ試みしに実に甘露の味ひを含めり是より追々此製世に広まりたり其始め玉の様にて甘味あるを以て誰れ言となくたまのつゆと名附しものを今は音読して玉露と名附し訳でござる。

しかるに大槻文彦博士の『大言海』には、「ぎょくろ　玉露　製茶ノ銘、上品ナル煎茶用ノモノ　文化年中ヨリ、山城宇治ニテ製シ始ム、其葉ヲ蒸ス時、上ニ新藁ヲ覆ヒトシ、ソレヨリ滴ル露ヲ受ケテ、甘味ヲ生ズト云フ」とあって、その玉露の語原がいささか前説とは違っている。これはいずれが本当か。そしてこの『大言海』の説はなんの書から移したものか今私には分からないが、その玉露の語の原因はどうも前説の『茶園栽培問答』の方が真実であるように感ずる。

御会式桜

毎年十月十三日は、今をへだたるまさに六百七十一年前の弘安五年（1282）に、武州池上の本門寺で入寂した日蓮上人忌日の御会式(おえしき)で、またこれを法花会式(ほっけえしき)とも御命講(おめいこう)とも日蓮忌ともいわれる。この会式の催される時分にちょうど花の咲くサクラがあって、通常これを御会式桜と呼ばれ、往々それをお寺の庭などにも見受けるのだが、ありがた連中、随喜の涙にむせぶ連中はこのサクラの開花を仰ぎ見て、さも仏様の功徳によってそれが自然へ感応し、さてこそその花が有情に開くのだと感銘しているのであろう。そして世の中にこんな連中があればこそ仏様も立ちゆくわけで、万歳であり万々歳であろう。世間は広いので商売の工夫も商売道具もいろいろとあるもんだ。

さてこのサクラたるや、なにも御会式とはなんの関係もなくまたなんの因縁もない。ゆえに御会式があろうがあるまいが、時が来れば吾不関焉(われかんせずえん)と咲き出ずる。ちょうどこの秋時分に狂花(かえりざき)のように開花するために、このサクラが利用せられているのである。サクラ喜べサクラ喜べ、おまえの運が廻ってきた。

このサクラの本名は十月(ジュウガツ)ザクラというもんだ。すなわち彼岸(ヒガン)ザクラ（東京の人のいうヒガンザクラは『大和本草』にあるウバザクラで、一にウバヒガンと呼ばれ、またアズマヒガンともエドヒガンとも称えられるものである）一名小ザクラの一変種で、私は早くからこれを研究して Prunus subhirtella *Miq.* var. autumnalis *Makino* の学名をつけて発表しておいた。

この十月ザクラは絶えて野生はないが、国内諸所に植わっており、なにも珍種と称するほどのものではない。秋季に一番よく花が咲き、そして冬を越して春になってもまた花が咲くのだが、しかし秋よりは樹上に花の数が少ない。その花は小さくて淡紅色でふつうには半八重咲だが、また一重咲のものもある。そして秋の花は往々多少は枝に葉を伴っている。

大和奈良公園二月堂の辺にもこのサクラが一本あった。奈良ではこれを四季（シキ）ザクラと呼んでいる。

寺院にある贋の菩提樹

往々お寺の庭に菩提樹(ボダイジュ)と称えて植わっている落葉樹があって、幹は立ち枝を張ってときに大木となっている。お寺ではこれを本当の菩提樹だと信じて珍重し誇っているが、あにはからんや、これはみな贋の菩提樹で正真正銘のものではないことに気がつかないのは情けない。ことに小さい円いその実で数珠を作って、これを爪繰(つまぐ)り随喜しているにはなおもって助からない。

このいわゆる菩提樹は、もと支那での誤称をその植物渡来とともに日本に伝えたものである。そしてこの樹は支那の原産でシナノキ科に属し Tilia *Miqueliana Maxim.* の学名を有する。宝永六年(1709)に発行せられた貝原益軒の『大和本草』に「京都泉涌寺六角堂同寺町又叡山西塔ニアリ元亨釈書ニ千光国師栄西入宋ノ時宋ヨリ菩提樹ノタネヲワタシテ筑前香椎ノ神宮ノ側ニウエシ事アリ報恩寺ト云寺ニアリシト云此寺ハ千光国師モロコシヨリ帰リテ初テ建シ寺也今ハ寺モ菩提樹モナシ畿内ニアルハ昔此寺ノ木ノ実ヲ伝ヘ植シニヤ」とあり、昭和四年六月発行の白井光太郎博士著『植物渡来考』ボダイジュの条下に「支那原産、本朝高僧伝及元亨釈書に後鳥羽帝の御宇僧栄西入宋し天台山にありし道邃法師所栽の菩提樹枝(果枝ならん)を取り商船に附し筑前香椎神祠に植ゆ、実に建久元年〔牧野いう、1191年〕なり、同六年天台山菩提樹を分ちて南都東大寺に栽ゆとあり」と書いてある。今これらの記事によると、この菩提樹渡来は相当古い年所を経ていることが知られる。

　このいわゆる菩提樹の実が飛び散り、人は植えないが、ときに山地に野生の姿となっていることがあって、軽率な人はこれを本来の自生だといっているが、それは無論誤解であって本種は断じてわが日本には産しない。

　上に書いたものは贋の菩提樹であるが、しからば本当の菩提樹とはどんなものかというと、それはインドに産する常磐（ときわ）の大喬木で無花果属、すなわちイチヂク属に属し Ficus religiosa *L.*（この種名の religiosa は宗教ノという意味）の学名を有し、釈迦がその下で説教したといわれる樹で、われらはこれを印度菩提樹（インドボダイジュ）と呼んでいる。しかし元来はまさにこれを菩提樹といわねばならんのだが、贋ながらも上のように既に名を冒している菩提樹があるので、まずは止むを得ずここにその名の重複を避けて、これをインドボダイジュと称えているしだいだ。しかし今これを正しく改称するとしたら、インドの Ficus religiosa *L.* の方を菩提樹として本来の称呼を用い、贋菩提樹の Tilia Miqueliana *Maxim.* の方をシナノキボダイジュとして呼べばよろしく、本当はこうするのがリーズナブルだ。

　インドボダイジュの実は形が小さくて円いけれど、元来が無花果的軟質の閉頭果であるから、もとより念珠にすべくもない。

菩提樹について『飜訳名義集』によれば、この樹は一つに畢鉢羅樹（ヒッパラジュ）と称する。仏がその下に坐して正覚を成等するによって、これを菩提樹というとある。またこの菩提樹は梵語ではピップラといい、ヒンドスタン等ではピッパル、ピパルあるいはピプルと呼ばれるとのことだ。

日本のバショウは芭蕉の真物ではない

支那に甘蕉というものがある。その実が甘くて食用になるので、甘蕉といわれる。すなわちいわゆるバナナ（Banana でこの語は西インド土語の Bonana からである）である。そしてその学名は Musa paradisiaca *L.* subsp. sapientum *O. Kuntze*（= *Musa sapientum* L.）であるが、この種中にはいろいろの変り品がある。かの矮生の三尺バナナも支那の原産で、それは学名を Musa Cavendishii *Lamb.* といわれ、俗には Chinese Banana または Canary Banana（カナリー島に大いに作ってある）と呼ばれている。

芭蕉は上の甘蕉の一名であるから、この芭蕉もまたバナナの支那名である。芭蕉とはその葉の新陳相続いている意味であるといわれる。明の李時珍（ミン）がその著『本草綱目』に「按ずるに陸佃が埤雅に云わく、蕉は葉を落さず一葉舒するときは則ち一葉蕉る、故に之を蕉と謂う、俗に乾物を謂いて巴と為す、巴も亦蕉の意なり」と書いている。だから芭蕉とはその葉が乾いても落ち去らず、その間つぎつぎに新葉が出る義で、ひっきょう葉が年中引き続いていつ見ても青々としているの意を表わした名である。すなわち、甘蕉すなわちバナナの葉状をいったものだ。

また李時珍が曹叔雅の『異物志』を引き、「芭蕉。実を結ぶ其皮赤くして火の如し〔牧野いう、これは花穂の赤い苞をいったものでなければならない〕其肉甜くして蜜の如し、四五枚にて人を飽かしむべし、而して滋味常に牙歯の間に在り、故に甘蕉と名づく」とあって、芭蕉と甘蕉とが同じ物であることを明示している。

また李時珍が万震の『異物志』を引いて「甘蕉は即ち芭蕉……蕉子凡そ三種、未だ熟せざる時は皆苦渋、熟する時は皆甜くして脆し、味葡萄の如く以て飢を療すべし」と書いている。

ひろくわが国各地に植えてあってあまねく人も知っている、いわゆるバショウ（*Musa Basjoo Sieb.*）は昔支那から渡来したものだが、しかしそれがいつの時代であったのか今私には不明である。がしかし、一千余年も前にできた深江輔仁の『本草和名』に甘蕉、一名芭蕉を波世乎波（バセヲバ）と書き、源順の『倭名類聚鈔』にも芭蕉を和名発勢乎波（バセヲバ）と書いてあるところをみると、相当古い昔に来たものであることが推想せられる。つまり一千余年以前にわが国に入り来たったこととなる。そして右のバセヲバのバは葉でそれは芭蕉葉の意である。

バショウは元来暖地の産であるから寒い地方には育たないが、日本中部以南の各地には、別になんの経済的価値もないが、ただ庭園の装飾用として植えてある。大きな花穂を象の鼻のように垂れてよく花が咲き、花後に子房（下位子房である）が花時よりは太く増大して緑色を呈し、著しい姿で多数相並び、永く花穂の花軸上に残っているのを常に見かける。総体 Musa 属すなわちバショウ属の諸種は、花に多量の蜜液が用意せられ、鳥媒花であることを示しているが、元来バショウはわが土産でないから、したがってわが日本に適当な媒鳥がいなく、それで子房がめったに孕まず結実するにいたるものが少ないのであろう。けれども中には珍しく結実して、発芽力ある扁平黒色の種子を宿しているものもある。私はかつてこれを伊予と安房の地で見た。この種子を蔵している果実は終りまで緑色で往々多少は微黄色を呈しているが、しかしその外皮内にバナナ様の肉はできない。私の『牧野植物学全集』第六巻（昭和十一年発行）へはその結実せる状と種子を有せる果実とその稚苗との写真を口絵として出しておいた。

バショウの高く直立せる円柱状の茎は、じつは本当の茎ではなくいわゆる偽茎であって、それは長い葉鞘が重なってできたものである、かの有名な芭蕉布は琉球に産するイトバショウ（*Musa liukiuensis Makino*）の葉鞘から製した繊維で織るのであるが、常のバショウのバショウ繊維はなんにも利用せられていない。茎は短大でほとんど地下茎の状を呈し、横に短い新芽を分かって葉を出すのである。そして三年目に花を咲かせてその年に枯槁し、側に出ている新しい偽茎がこれに代わるのである。

バショウの和名は芭蕉から来たものである。芭蕉は既に上に述べたようにバナナの名であるから、バショウの和名はじつは不都合を感ずるけれど、昔からそう言い習わされて来ているから今更これを改めることは不便きわまるもので、まずはそれを見合わすよりほかに途はあるまい。

高野山の蛇柳

紀州の国は名だたる高野山の寺の境内地に、昔から蛇柳（ジャヤナギ）と呼ばれている数株のヤナギの木があって、近いころまで生存し有名なものであったが、惜しいことには今枯れたとのことを聞いた。その幹は横斜屈曲して枝椏（しあ）を分かち葉を付け繁っている。先年私はこの高野山に登って親しくこれを見、かつその枝を採って標品に作ったことがあった。

理学博士白井光太郎君はかつてわが国のヤナギ類について研究したことがあった。その時分高野にこの柳を採集して検討し、その名をこの柳にちなんでそのままジャヤナギと定められたので、爾後この名でこの種（スペシース）のヤナギを呼ぶことになっている。その学名は Salix eriocarpa *Franch. et Sav.* である。

右の蛇柳について同博士（当時は理学士）は明治二十九年（1896）六月発行の『植物学雑誌』第十巻第百十二号に左のとおり書かれている。すなわち

高野山ノ蛇柳

蛇柳ハ高野山上大橋ヨリ奥ノ院ニ至ル右側ノ路傍ヲ去ル十間許ノ処ニアリ高野山独案内ニ

「蛇柳の事」「此柳偃低して蛇の臥せるに似たり依之名くる歟猶子細ありと云ふ尋ぬべし云云」トアル者是ナリ廿八年〔牧野いう、明治〕八月十三日此処ヲ過ギリ此柳ヲ採集セルトキモ枝葉ノミニテ花部ヲ欠キシヲ以テ帰京後同処小林区署山本左一郎氏ニ依頼シ本年五月其花ヲ得タリ花ハ皆雌花ナリ之ヲ検スルニ花穂ニ小柄ヲ具ヘ柄上二乃至四小葉アリ小苞ハ緑色卵円形ニシテ外面絨毛ヲ密布ス子房ハ卵円形ニシテ外面絨毛ヲ帯ビ先端ニ短柱ヲ具ヘ柱頭長ク二分ス花穂ノ全長四五分許ニシテ基本ニ倒卵形乃至匙形ノ小葉ヲ対生スルノ状十文字鎗ノ穂ニ似タリ葉ハ細長披針形ニシテ先端尖リ周辺細鋸歯アリ面ハ青ク背ハ淡ニシテ白粉ヲ塗抹セルガ如キ趣アリ長三四寸許新枝ハ浮毛ヲ帯ブレドモ旧枝ニハ毛ナシ予先年此種ヲ大隅佐多附近ニテ採リ昨年四月常州筑波山下ニテモ採レリ築波山ニアリシ樹ハ直径壱尺余ニシテ直聳シ喬木ヲ成セリ此種ノ形状ハ好ク Salix eriocarpa *Fr. et Sav.* ニ符合ス此ニ相違ナシト考フ昨年学友某亦筑波山下ニテ之ヲ採集シ此ニたちしだれやなぎノ新称ヲ命セラレタルヤニ聞キシガたちしだれナル名ハ意義ニ於テモ少シク通ゼザルガ如キ嫌ナキニ非ザレバ予ハ寧ロ蛇柳ヲ以テ此種ノ普通名トナサント欲スルナリ

である。

『紀伊続風土記』の「高野山之部」に出ている蛇柳の記は次のごとくである。

虵柳〔牧野いう、虵は蛇と同字でヘビである〕

息処石の南大河南岸に洲あり古柳蟠低して異風奇態あり夫木集に知家朝臣の歌に咲花に錦おりかく高野山柳の糸をたてぬきにしてといふ此歌にては虵柳のことあらわれず扶桑名勝詩集に宥快法印の作とて高野山十二景の中に雪中虵柳の題のみあり本州旧跡志に虵柳大塔の東廿八町にあり昔し此所に大虵ありて妖をなせり時に弘法持呪しければ虵他所にうつりて其跡に柳生ぜり因て虵柳といふとあり又此柳偃低大虵に似たれば虵柳といひ又大師の加持力にて虵を変じて柳とならしむといふ説あれどもいぶかし近世雲石堂十八景の中に春日虵柳の詩あり略す又俗諺に昔し此所に大虵ありて人を害す大師これを悪み給ひて竹の箒もて大滝へ駈逐し玉ふゆへ大虵の怨念竹の箒に残れりそがゆへに当山の竹の箒を禁ず又駈逐の時後世若此山にて竹の箒を用ば其時に来り棲めと誓約し玉ふゆへとも云ふ並にとりがたし

『紀伊国名所図会』三編、六之巻（天保九年発行）高野山の部に、この蛇柳の図が出ていて

渓の畔（ほとり）にありいにしへは大蛇ありて妖（よう）をなす時に弘法（大師）持咒（ぢじゆ）したまひければ大蛇忽ち他所にうつりて跡に柳生ぜり因て名ありといふ、一説に遠く是を望めば蜿蜒（えんえん）じょう裊娜（じょうだ）として百蛇の透迤するがごとし因て名づくといふ猶尋ぬべし

夫木抄　正嘉二年毎日一首中

咲花に錦おりかく高野山柳の糸をたてぬきにして　民部卿知家

吹たびに水を手向る柳かな　米冠

と書いてある。

また同書蛇柳の図の上方に「我目(わがめ)にも柳と見へて涼しさよ　麦林」の俳句と「ともすればたけなる髪をふりみだし人の気をのむ風の蛇柳　栗陰亭」との狂歌が記してある。

昭和三年（1928）三月発行の『植物研究雑誌』第五巻第三号に「じゃやなぎノ名ノ起リ」と題し、久内清孝君がこのヤナギについて「此世からさへ嫌はれて深く心を奥の院渡らぬ先に渡られぬみめうの橋の危さも後世のみせしめ蛇柳や」（巣林子『女人高野山心中万年草』）の書き出しで、いろいろと書いていられる。それへこのヤナギ研究に縁ある白井光太郎博士自筆の蛇柳原稿図も添えてある。

以前高野山で植物採集会が催された時、その指導者として私も行ったのだが、そのおり私は同山幹部のある僧に向かってこの蛇柳の由来をたずねてみたら、その答えに「昔高野山の寺のうちに一人の僧があって陰謀をめぐらし、寺主の僧の位置を奪い自らその位にすわらんと企てたことが発覚して捕えられ、後来の見せしめのためにその僧を生埋めにした所があの場所で、そこへあのとおり柳を植え、そして右のような事情ゆえその罪悪を示すためその柳の名も蛇柳と名づけたようだ」と語られた。右の有名なヤナギも今は既に枯死して、ただその名を後世にのこすのみとなった。上のような由来をもったヤナギであったのだから、その後継者として一株の柳樹を植えその跡を標したらどうだろう。

わが国栽植のギョリュウ

日本へ昔寛保年中に支那から渡って植えてある檉柳（ティリュウ）、すなわちギョリュウ（御柳の意）は、たった一種のみで他の種類は絶対にない。しかしそれを二、三種もあるかのように思うのは不詮索の結果であり、幻想であり、また錯覚である。

このギョリュウの学名は疑いもなく Tamarix chinensis *Lour.* であるが、学者によっては日本にあるギョリュウは Tamarix juniperina *Bunge* であるといわれる。そうなると右はいずれが本当か。今これを裁判して判決するのはまことに興味ある問題であるばかりではなく、この判決は疑いもなく世界の学者にその依るところを知らしめる宣言であり、また警鐘である。

さて日本にあるギョリュウは一樹でありながら、その一面は Tamarix chinensis *Lour.* であり、またその一面は Tamarix juniperina *Bunge* である。すなわちこのギョリュウは、五月頃まず去年の旧枝に花が咲いてこれに Tamarix juniperina *Bunge* の名が負わされ、次いで夏秋にまたその年の新枝に花が咲いて Tamarix chinensis *Lour.* の名になるのである。かく同じ一樹で樹上で二回花の咲くことを学者でさえも知っていないのはどうしたもんだ。すなわちこの点では確かに学者はもの知りではないことを裏書きする。そしてそれをひとり認識している人はだれあろう、ほかでもないこの私である。この点では天狗よりもっともっと鼻を高くしてもよいのだと自信する。なんとなれば、この事実には日本の学者はもとより世界の学者がこぞって落第であるからである。私は気づかいでこれを言っているのでは決してない。それはちゃんと動きのとれぬ実物が、事実を土台としてものを言っているのだから仕方がない。

ここに一本のギョリュウがあるとする。元来これは落葉樹である。春風に吹かれて細かい新葉が枝上に芽出つ。五月になるとその去年の旧枝上に花穂が出て淡紅色の細花が咲く、花中には雄蕊もあれば、子房をもった雌蕊もある。にもかかわらず、どうしていやなのか実を結ばない。ただその顔ばせを見せたのみで花が凋衰する。そしてこの五月の花の場合のものへ Tamarix juniperina *Bunge* の名がつけられてある。シーボルトのフロラ・ヤポニカの書にその精図が出ている。私は前に一度これを皐月(サツキ)ギョリュウと名づけたことがあったが、私はその花を当時小石川植物園事務所の西側にあった樹で見た。次いで夏になるとその年の新枝が生長して延びるが、この延びた新枝にまた花が咲く。この場合がすなわち Tamarix chinensis *Lour.* である。わが国の書物では伊藤圭介、賀来飛霞(かくひか)の『小石川植物園草木図説』第二巻にその図があるのは愉快だ！ すなわちこれは日本、ことに小石川植物園にある樹からの図である。この夏に咲く第二次の花はその花体が五月に咲く第一次のものよりも小形である。やはり淡紅色でその花が煙のごとくに樹梢に群集して咲き、繊細軟弱な緑葉と相映じてその観すこぶる淡雅優美である。そして花中には雌雄蕋があって、この花こそ花後に小さい蒴果を結び、それが熟すると開裂して細毛を伴った種子が飛散することを私も目撃したことが数度ある。次いで秋になってもまた往々花が咲く。それがすむともう秋も深けて花も咲かなくなり、しばらくすると冬が来て木枯らしの風が吹きその葉も黄ばんで、細枝と連れ立って落ち去り、樹は紫褐色の枝椏を残して裸となるのである。

井岡冽纂述の『毛詩名物質疑』（未刊本）巻之三、檉の条下に、「檉通名御柳寛保年中夾竹桃と同時に始て渡る甚活し易し其葉扁柏の如にして細砕柔嫩裊々として下垂す夏月穂を出す淡紅色蓒草花の如し秋に至り再び花さく本邦に来るもの一年両度花さく唐山（牧野いう、支那を指す）には三度花さくものあり故に三春柳の名あり云々」と叙してあって、日本へ来ているギョリュウも一年に二度花の咲くことが書いてあるが、しかし夏から秋にかけては、枝によってその花に前後もあれば遅速もあろうから、眺めようによっては二度にも三度にもなるのである。そして二度咲くものと三度咲くものとあってもそれはもとより同種である。要するにギョリュウは少なくも一樹で二度花が出で、初めの花は去年の枝に咲き、次の花は今年の枝に咲く。ギョリュウを見る人、このイキサツを知悉していなければギョリュウを談ずる資格はない。

このようにギョリュウは一木にして一年に数度花が咲く特質をもっている。そこで支那では一つに三春柳の名がある。さすがに檉柳の本国だけあってギョリュウを見る眼が肥えている。かえって学者が顔負けをしている。

　支那の書物の『本草綱目』で李時珍が曰うには「檉柳（テイリュウ）は小幹弱枝、之を挿すに生じ易し、赤皮細葉、絲の如く婀娜（あだ）として愛すべし、一年に三次花を作す、花穂長さ三四寸、水紅色にして蓼花の色の如し」（漢文）とある。また陳淏子の『秘伝花鏡』には「檉柳、一名は観音柳、一名は西河柳、幹甚だ大ならず、赤茎弱枝、葉細くして絲縷の如く、婀娜として愛すべし、一年三次花を作し、花穂長さ二三寸、其色粉紅、形蓼花の如し、故に又三春柳と名づく、其花は雨に遇えば即ち開く、宜しく之を水辺池畔に植うべし、若し天将に雨ふらんとすれば、先ず以て之に応ず、又雨師と名づく、葉は冬を経れば尽く（ことごと）紅なり、霜を負いて落ちず、春時扦挿すれば活し易し」（漢文）とある。

（ここ迄、『植物一日一題』より）

杞柳をコリヤナギとは間違いである

わが邦従来の学者は支那の杞柳を、かの行李を造るわがコリヤナギ（Salix Koriyanagi *Kimura* = *S. purpurea* L. *var. japonica* Nakai = *S. integra* Thunb. *var. angustifolia* Makino）だとしているが、私はまだその杞柳なるものの実物を見たことはないけれど、しかしこの杞柳はまったくコリヤナギとはかけ離れた別のヤナギだと判定し断言するのが正しい見解であると信じ、今日までの世間一般の説に反対するに躊躇しない。すなわちひっきょう杞柳は決してコリヤナギではないのである。

李時珍の『本草綱目』に宋の蘇頌の『図経本草』を引いて「杞柳は水旁に生ず、葉粗にして白し、木理微赤にして車轂と為すべし、今の人其の細条を取り火逼して柔ならしめ屈めて箱篋を作る、孟子に謂わゆる杞柳にて桮棬を為くるとある者なり、魯の地及び河朔に尤も多し」（漢文）と書いてある。

わが邦の学者が杞柳をコリヤナギだとしたのは上の文によったもので、その文中にその細き枝条を曲げて箱篋を作るとあるから、てっきりこれはわがコリヤナギに相違ないと臆断したものである。しかしこの支那の杞柳はその文でみると、なかなかしっかりした太い幹のもので、その材は微赤色を呈して車轂にも作るし、その葉も粗大で葉の色も白きを帯びたもので、わがコリヤナギの弱々しく、幹は痩せ長くて柔らかく、なんら用材とするには足りなく、材色は白くて少しも赤味は帯びなく、葉は細長で白からざるものとはだいぶ違っている。他日幸いに杞柳の本物が判明した暁には必ず私の予想が適中しているであろうと、今からそれを楽しみ、かつあわせて従来からの学者の蒙をひらくこともでき得ることとひそかに期待しているのである。

いったいこんな場合に支那の名を用うるから問題が起こる。日本のコリヤナギをなにもわざわざ杞柳と書かねばならん必要もないから、これは単にコリヤナギと書けばそれですむわけだ。もし漢字に執着する癖があるならそれを行李柳と書けばいいじゃないか。

（『続牧野植物随筆』より）

日本画家のもみじ葉と実際のもみじ葉

もみじ、すなわちかえで（これに単に楓の字を当てるはじつは非である。なんとなれば楓はかえでの類ではないから）はその葉が掌状に分裂しており、したがってその葉脈がまた掌状に射出している。その天然の葉では、その掌状脈は図の一（原図）に見るように、その各脈が葉の基部の一点から発出している。すなわちその葉が葉柄に付いている一点から出ている。これは掌状に分裂せる葉を有する多種のかえで類みな一様であって、その葉形が種々に異なっておってもこの点はみな相一致している。しかるに日本画家の描くもみじは図の二（原図）、三、四（ともに尾形光琳の図）、五（『地錦抄』）の図に示すごとく、その葉脈が葉の基部よりだいぶ上がりし一点、すなわち葉の中央へ寄りし一点より四方に射出している。もしそうなるとこの葉の葉柄は、その葉の下端に付くのでなく、その下端よりだいぶ入り込んだ葉脈発出点に付くのだから、とりも直さずノウゼンハレンの葉のように葉の下面に葉柄の付くようになり、植物学上の語でいえば楯形の葉となるのである。しかし実際には決してこんな葉脈の出方ならびにこんな葉脈の付き方をしているものはもみじ類には一つもないので、まるでこれは嘘の皮を描いた絵そらごとである。近来毎年開設になる文部省の展覧会などに出陳してある絵画を見ても、もみじは大概このような葉脈に描いてあっていずれもちゃんときまった鋳型にはまっている。こういうことから考えると、いずれの画家もこの最もふつうにしてしかもひんぴんとして画中に収めらるるもみじの葉を、実際によく見たことがないとみえる。換言すれば、ちゃんと葉脈までもよく調べた人が画家中にないとみえる。今日以後は、学校でそうとうに植物学、動物学等の博物学を学んだ人々が絵画を見るお客様すなわち鑑賞家になるのだから、あまり時世おくれの間違った描き方をしておってはならぬと思うが、画家の諸先生達はなんとお考えかな。

およそ葉を描くに、その葉脈の真髄を写すことの必要なるは、葉を少しでも学んだ人の直ちに首肯するところである。この葉脈のぐあいによって、その植物がなんであるかの特徴が表わるるもので、葉はただその円いとか楕円とかの外形ができておったならそれでよいというものではない。葉面に現われているすべての葉脈は、葉に対してじつに重要の位置を占めているものである。日本画の画家が草木を描くとき、一般にこの葉脈に注意せずしてこれを邈視（ばくし）する姿のあるのははなはだしき欠点の一つであると言わねばならぬ。これ

がためにせっかく丹精をこらして描いた草木も充分深き印象を観客に与えないで済むのが多い。葉脈はただその中脈の両側へ、単純に魚の骨式に羽状に出てさえすればそれでよいというものではない。しかし日本画にはまたそのようになんの思慮もなく描いたものがきわめて多く、たとえばつばきの葉の葉脈でも、かきの葉の葉脈でも、いずれも同じ脈状となっている。すなわちその植物固有の脈状が、少しもその葉に特現していない。私はこんな画を見るたびに、世の画家というものは年がら年中たえず物の形を描きおるのにかかわらず、なぜこんな分かりきったことが一番さきに気が付かぬであろうかと、じつにそれが不思議でならない。しかし想い回せばこれは日本画の癖として、画の習い始めより実物から離れて一種その流の型に入り込むものであるから、それゆえ局外者から見るような公平の感じが少しも起こらぬものと見える。

もみじの葉が枝に付くにはもとより対生でなければならぬ。またその各対の葉は、左右交互にその一方の葉の葉柄が短い。これはなぜであるかというと、このようにならなければその葉は互いに相重なりあうの部分ができて、その葉面が残るくまなく日光を受けるにぐあいが悪いからである。しかしそれが上に述ぶるごとく、実際に交互葉柄が短いものであるから、それがために葉面が重なることなしに、すこぶる都合よく相並んでいること図の六（原図）のごとくである。このこともまた画家のよろしく心得おくべきことであると信ずる。かえでをもみじと呼んでも今は一般に通ずるが、じつはもみじはかえでの名ではなく、樹の葉が赤くまたは黄色くなったものをしか唱える。その中でかえでが最も優っているから、もみじがついにはその樹名のようになったのである。

（『随筆草木志』より）

槭樹は果してカエデか

槭樹（セキジュ）という樹が支那にあることが『農政全書』巻の五十四、または『救荒本草』の巻の九に槭樹芽として載っていて、そこにその図説がある。今その図を見ると、長柄をもって小枝に対生せる五裂の掌状葉があって、その裂片には鋸歯があるように描いてある。そしてその説は次のように述べてある。（漢文）

槭樹芽　鈞州風谷ノ頂山谷ノ間ニ生ズ木ノ高サ一二丈其ノ葉ノ状野葡萄葉ニ類ス五花尖叉亦綿花葉ニ似テ薄小又絲瓜葉ニ似テ却テ甚ダ小ニシテ淡黄緑色白花ヲ開ク葉ノ味甜シ

救飢　葉ヲ採リ煠キ熟シ水ヲ以テ浸セバ黄色ヲ作成ス水ヲ換エ淘浄シ油塩ニ調エ食ス

『農政全書』ならびに『救荒本草』の文は右のとおりであるが、この槭樹をカエデにあてたのは小野蕙畝の『救荒本草啓蒙』であろう。その前に小野蘭山の『救荒本草記聞』（未刊）ができたが、これには

槭樹芽　未詳モミヂニ近キ者也此条ニ開白花ト云フ不詳然レドモカヘデモ品類二百種許モアル者故ニ白花アルベキカ常ノ種ハアカ花ノモノ也

とあってまだ槭樹をモミジ（カエデ）とは断定していない。
右の小野蕙畝の『救荒本草啓蒙』の文は次のごとくである。

槭樹芽　モミヂ　カヰデ（葉形蛙ノ手ニ似タリユヱニ名ク）
品類至テ多シ清俗鶏楓ト云（鶏ハ鋸歯深ヲ云鶏桑ノ例ナリ）唐詩金粉二云蕭穎士江有レ楓思二陸鄭二友一且疾レ讒也君宮於二焉尹府一以二直方一不偶見レ逼二讒佞一唯古之賢者有二避レ色避レ言之義一然去之二一室之間一有二槭樹一焉与二江南楓形一胥類憩二其下一而作二是詩一以貽二夫二三子一焉云云今ノモミヂニ近シ一種唐カヰデト云アリ三尖ニシテ楓葉ニ似テ微少ナリ対生ス嫩老葉倶ニ紅葉ス物理小識二云箕峰楓ナリヤ又一種漢種ノ楓ト称者アリ毬ヲ結ブコト楓毬ニ同ジ

『農政全書』ならびに『救荒本草』に槭樹芽とあるから、飢饉時にはたぶんその嫩芽を採って食うのであろうが、前述のとおりこれらの書にはただ「葉ヲ採リ煠キ熟シ」とあってあえてその老幼の点は言ってないが、食うには嫩いがよいわけだからこの樹も必ずやその新芽すなわち嫩葉を食うのであろう。

この槭樹をかくカエデに当てるのは私は少しもそれに賛成を表しない。なんとなればわがカエデすなわち **Acer palmatum** *Thunb.* は支那に産しないから、したがって支那名すなわち漢名があるべきはずがないからである。ゆえにこの槭樹をこの種に当てるのは穏当でない。わが邦でカエデまたはモミジと称えるのは **palmatum** 種が主品であるから、したがってカエデ、すなわちモミジを槭樹であると呼ぶのはきわめて悪い。この槭樹はあるいは何か他の Acer 属の一種かもしれずまたそうでないかもしれぬ程度の原図原文、それはボンヤリした図説であるのであまりムキになって争うほどの価値はない。雲を摑むような事件はつまんないね。

楓の字をわが邦では従来からカエデの場合に適用し、ことに詩では丹楓などの語もあって、この楓の字がしきりにわがモミジすなわちカエデに使われてあれど、これは今日、それは誤りであると揚言することはもはや既に陳腐に属しているほどだが、それでもまだメクラ千人の世間ではこれを知らずにおる者も少なくないであろう。この楓はカエデとはまったく縁の遠い樹で、ただその葉が紅葉するという点だけは一致していて、Liquidambar formosana *Hance*. の学名を有しマンサク科の一樹で、支那にもあるがまた台湾にも産するものである。ゆえに種名に「台湾の」という意味を持つ formosana が、命名者「ハンス」氏によって付けられたのである。

日本内地では徳川時代に支那から渡り来たったものが今処々にのこっている。東京巣鴨の、もと溝口家に近年まで大樹があったが惜しいことには伐られてしまった。

支那には日本のモミジすなわちカエデのように立派に錦をさらすがごとく紅葉する Acer 属のものはないとみえ、いつも紅葉は楓がその役目を承っておる。そこで「遠ク寒山ニ上レバ石径斜メナリ、白雲生ズル処人家アリ、車ヲ停メテ坐ロニ愛ス楓林ノ晩、霜葉ハ二月ノ花ヨリモ紅ナリ」（遠上寒山石径斜、白雲生処有人家、停車坐愛楓林晩、霜葉紅於二月花）の有名な杜牧の詩などが人口に膾炙（かいしゃ）している。

貝原益軒の『大和本草』巻の十一に、機樹をカヘデと訓じ、「本邦楓ノ字ヲアヤマリテカヘデトヨム順和名ニハ鶏冠木ヲカヘデトヨメリカヘルデトモ云其葉カヘルノ手ニ似タリ秋冬霜ヲ経テ紅葉ウルハシ云々」の解説がしてあるが、益軒はなんの基づくところがあってこの機樹をカエデとしたか私にはよく分からないが、この機の字はかの『山海経』に「単狐之山多機木」と出ている。小野蘭山の『大和本草批正』には別にこの字についての批評はない。

そこで後藤梨春の著なる『本草綱目補物品目録』を繙閲したら左のごとく書いてあった。

機○篤信曰今謂蝦手（カヘデ）○光生按　篤信拠（ヨツテ）二何（レノ）書一而訓（ズルニ）二蝦手（トカ）一歟廖昆湖正字通曰機古奚如鶏木（ノ）名山海経単狐之山多二機木一郭註似レ楡可三焼以糞二稲田一出二蜀中一揚慎曰即榿木（ブリ）因二此説一非二吾邦所謂蝦手樹（ルカヘデ）一

やはり梨春も益軒が機の字をカエデに充用したのを訝（いぶ）かっている。

カエデを鶏冠木と書くのは和名であって、漢名ではない。源順の『倭名類聚鈔』には左のとおり書いてある。

鶏冠木（カヘデノキ）揚氏漢語抄二云鶏冠木ハ加倍天乃木辨色立成二云鶏頭樹加比留提乃木今案二是一木ノ名也

（昭和二十三年発行『趣味の植物誌』より）

なぜイタヤカエデというのか

日本産のカエデ類（Acer）にイタヤカエデという名のカエデがあるが、今日の人々はみなその実物を間違えている。つまり本当のイタヤカエデがイタヤカエデとなっていなく、イタヤカエデでないものがイタヤカエデとなっている。そしてそれが林学の方面でもまた植物学の方面でも通り名となってだれも疑わずにこの名を用いているから、これは科学上どうしても是正しておかねばならんのである。猴は人でなく、犬は猫でなく、牛は馬ではない。

元来イタヤカエデとはどういう意味から割り出してきた名であるのかとたずねてみると、これは今から二百四十三年も昔の宝永七年（1710）に出版になった。東武蔵、江戸の北なる染井の植木屋の主人伊藤伊兵衛の著『増補地錦抄』によって見れば、イタヤカエデは紅葉するカエデの中でその葉が大形なものであるから、それが天日をおおうように繁れば降りくる雨もそれを通して漏りくることはあるまい、それはちょうど屋根を板葺きにした板家と同様だから、それで板家カエデというのであるとして、今日いうハウチワカエデ（Acer japonicum *Thunb.*）の葉形が掲げてある。

この板家カエデをまた名月と言うとしてその語原が書いてあるが、その名の起りは『古今集』

から来たもので、その集中の「秋の月山へさやかにてらせるは落る紅葉のかずを見よとか」の歌に基づいたもので、これは秋の紅葉の時節にこの赤色に染まった葉が地面に落ち布ける数を、照る月の光でかぞえ見ることができるだろうとの意味である。

右によると、イタヤの名もメイゲツの名と同じく Acer mono *Maxim.* の品類の名ではないから、この類からイタヤカエデの名を取り消さねば名称学上正しいものとはなりえない。ゆえにこの Acer mono *Maxim.* 一類の品はこれをツタモミジとかトキワカエデ（これは常磐すなわち常緑の意味ではなく、赤く紅葉しない意味だ。すなわちこの品は黄葉して赤色とはならない）とかの、従来からある名にすればそれでよろしい。

従来山人が実地に呼んでいるものに、シロビイタヤ（白皮イタヤ）、アカビイタヤ（赤皮イタヤ）、クロビイタヤ（黒皮イタヤ）の三つがあるが、これはみな Acer mono *Maxim.* 中の品である。この mono 種にはいろいろの品があるので、その品によって樹皮の色が違うのであろう。ゆえにこれはどれがどれ、どれがどれと突きとめる必要があるのだが、林学の方で果してそれが分かっているだろうかどうだろう。林学関係の学者に聴きたいものだ。

今日植物学界では北海道に産する（本州にもある）Acer Miyabei *Maxim.*（この種名 Miyabei は宮部金吾博士を記念するために名づけたものだ）をだれが言ったか知らんが、クロビイタヤと呼んでいる。しかし上に書いたように、このクロビイタヤの名はいわゆるイタヤカエデの一品を呼んだものにほかならないから、なにか別の和名に改める必要がある。そこで私はさきにこれをエゾイタヤと変更し、これをわが『牧野日本植物図鑑』に書いておいたが、しかしまことに気持よい爽やかな図が Sargent 氏の Forest Flora of Japan に出ている。この書には日本の飜刻版がある。

(『植物一日一題』より)

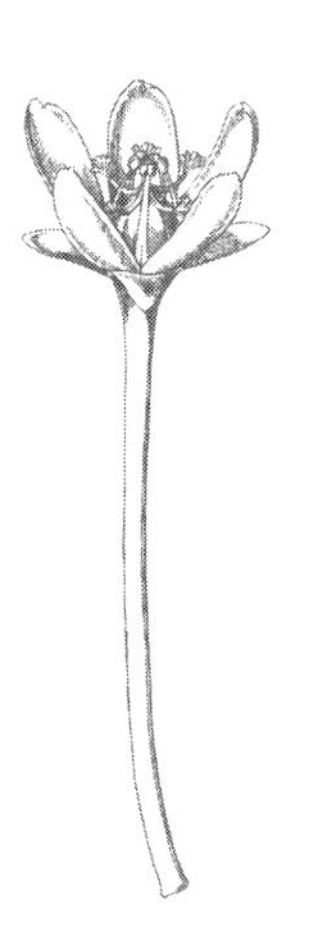

編集付記

一、本書は一九七〇年に小社より刊行された『牧野富太郎選集　第三巻』を復刻し、副題を加えたものである。

一、明らかな誤記・誤植と思われるものは適宜訂正した。

一、一部、個人情報にかかる内容等については削除した。

一、読みやすくするために、原則として新字・正字を採用し、一部の漢字を仮名に改めた。

一、今日の人権意識や歴史認識に照らして不適切と思われる表現があるが、執筆時の時代背景を考慮し、作風を尊重するため原文のままとした。

[著者略歴]

牧野富太郎〈まきの・とみたろう〉　文久２年(1862)～昭和32年(1957)

植物学者。高知県佐川町の豊かな酒造家兼雑貨商に生まる。小学校中退。幼い頃より植物に親しみ独力で植物学にとり組む。明治26年帝大植物学教室助手、後講師となるが、学歴と強い進取的気質が固陋な周囲の空気に受け入れられず、昭和14年講師のまま退職。貧困や様々な苦難の中に「日本植物志」、「牧野日本植物図鑑」その他多くの「植物随筆」などを著わし、又植物知識の普及に努めた。生涯に発見した新種500種、新命名の植物2,500種に及ぶ植物分類学の世界的権威。昭和26年文化功労者、同32年死後文化勲章を受ける。　(初版時掲載文)

テキスト入力　東京デジタル株式会社
校　正　ディクション株式会社
組　版　株式会社デザインフォリオ

牧野富太郎選集3　樹木いろいろ

2023年4月24日　初版第１刷発行

著　者　牧野富太郎
編　者　牧野鶴代
発行者　永澤順司
発行所　株式会社東京美術
〒170 - 0011
東京都豊島区池袋本町3- 31-15
電話 03（5391）9031
FAX 03（3982）3295
https: //www.tokyo-bijutsu.co.jp

印刷・製本　シナノ印刷株式会社

乱丁・落丁はお取り替えいたします
定価はカバーに表示しています

ISBN978-4-8087-1273-0 C0095

牧野富太郎選集 全5巻

人生を植物研究に捧げた牧野富太郎博士
ユーモアたっぷりに植物のすべてを語りつくしたエッセイ集

1 植物と心中する男

「植物の世界は研究すればするほど面白いことだらけです」。自伝や信条を中心に博士の人柄がにじみ出た内容満載。

2 春の草木と万葉の草木

「私はこの楽しみを世人に分かちたい」。桜や梅など春を代表する草花と、『万葉集』の草木にまつわる話を紹介。

3 樹木いろいろ

「まず第一番にはその草木の名前を覚えないと興味が出ない」。講演録とイチョウや菩提樹など樹木のエッセイを掲載。

4 随筆草木志

「蓮根と呼んで食用に供する部分は、これは決して根ではありません」。大根やキャベツなど食べられる植物も登場。

5 植物一日一題

「淡紅色を呈してすこぶる美麗である」。悪茄子、狐の剃刀、麝香草など植物の奥深さが縦横無尽に語られる。